日本建筑图鉴

日本建筑图鉴

[日] 中山繁信　杉本龙彦　长冲充　芜木孝典
伊藤茉莉子　片冈菜苗子　**合著**

越井隆　**插图**

堺工作室　**组译**

成潜魏　张卓群　何竞飞　黄梦甜　**译**

机械工业出版社
CHINA MACHINE PRESS

这是一本非常有趣的书，不仅有趣，还非常实用！

本书虽然是讲“日本建筑”，但并不是晦涩难懂的专业书籍。本书是以“虽然似曾相识，但倘若被问及却无法解释清楚的建筑用语”为引，并以相关建筑为例的内容编排形式，由“古代—中世—近世—近代—现代”五部分构成，按照所列建筑物的建造年份（包括推测）顺序进行排列。本书中最早出现的是法隆寺五重塔，可以追溯到公元607年，现在我们看到的是公元680年重建的（公元670年被烧毁），从这里开始直到21世纪的现代，也就是说，本书中包含了“大约1300年的历史”！

本书通过精彩的插画和建筑图解，论述中穿插了相关的建筑历史背景、建筑技艺、人物和故事，同时以轻松的语言进行讲解。书中还附有 “日本建筑地图”及拼音首字母排序的索引，供读者参阅。如果能以本书作为旅游指南，实际探寻这些建筑的话，对建筑的印象和见解一定会加深，成为有意义的旅行。那么，让我们一起来翻一翻，开始跨越时空的建筑之旅吧！

Original Japanese Language edition
KENCHIKU YOGO ZUKAN NIHON HEN
by Shigenobu Nakayama, Tatsuhiko Sugimoto, Mitsuru Nagaoki, Takanori Kaburagi, Mariko Ito, Nanako Kataoka, Takashi Koshii
Copyright©Shigenobu Nakayama, Tatsuhiko Sugimoto, Mitsuru Nagaoki, Takanori Kaburagi, Mariko Ito, Nanako Kataoka, Takashi Koshii 2019
Published by Ohmsha, Ltd.
Chinese translation rights in simplified characters by arrangement with Ohmsha, Ltd. through Japan UNI Agency, Inc., Tokyo
北京市版权局著作权合同登记　图字：01-2020-7763号。

图书在版编目（CIP）数据

日本建筑图鉴 /（日）中山繁信等合著；堺工作室组译. —北京：机械工业出版社，2021.10
ISBN 978-7-111-68818-1

Ⅰ. ①日…　Ⅱ. ①中…②堺…　Ⅲ. ①建筑史—日本—图集　Ⅳ. ①TU-093.13-64

中国版本图书馆CIP数据核字（2021）第153625号

机械工业出版社（北京市百万庄大街22号　邮政编码100037）
策划编辑：时　颂　责任编辑：何文军　时　颂
责任校对：李亚娟　责任印制：张　博
保定市中画美凯印刷有限公司印刷
2021年9月第1版第1次印刷
148mm × 210mm · 5.5印张 · 200千字
标准书号：ISBN 978-7-111-68818-1
定价：69.00元

电话服务	网络服务
客服电话：010-88361066	机　工　官　网：www.cmpbook.com
010-88379833	机　工　官　博：weibo.com/cmp1952
010-68326294	金　　书　　网：www.golden-book.com
封底无防伪标均为盗版	机工教育服务网：www.cmpedu.com

前　言

这本很有趣的书终于完成了。

有趣的同时或许还能起到些许作用。书中包含丰富的人文知识，不论在与人交流还是在酒馆里小酌时都是极佳的谈资，或许还可以用来牢牢抓住男友或女友的心呢。

本书虽是一本与建筑相关的用语图鉴，但内容不过分强调专业性，也摒弃了字典式的生硬罗列。我们挑选了那些会让人感到“虽然似曾相识，但倘若被问及却无法解释清楚”的建筑用语，每两页一个主题，通过相关建筑实例展开说明。

目录依循学校里常见的历史年表，由“古代—中世—近世—近代—现代”这 5 章构成。各个词条则依据相关建筑物的竣工时间（包含推测）来排序。

本书中，最先出场的现存建筑是**法隆寺五重塔**。它的历史可以追溯到公元 607 年，但如今我们能看到的建筑是在公元 680 年左右重建的（因公元 670 年被烧毁）。这本小书从那时起一直写到 21 世纪的现代。

也就是说，本书浓缩了 **1300 多年的历史**！

本书的重点不在于深入挖掘专业知识，而是面向大众，尽量使用广泛且易懂的解说。通过在其中穿插一些小故事与插曲，使本书成为一本可以轻松翻阅的读物，这也是本书最值得骄傲的一点。

假如将本书当作一册旅游导览，实际去参观一下书中提到的这些建筑的话，想必读者对建筑的理解和喜爱会更深一层，也可以收获一趟极富意义的旅程。

另外，职业插画家越井隆先生，在完整理解了每个词条后为这本书精心绘制了大量有趣易懂的插图，在这里表示由衷感谢。

对于研究者和专业人士来说，本书的用语收录和解说或许不能完全满足所需，但希望各位能够在理解本书主旨的前提之下，以宽容的心态看待这部分不足。

那么，就请读者翻开下一页，踏上这趟**跨越时空的建筑之旅**吧！

中山繁信

日本建筑图鉴

目录 CONTENTS

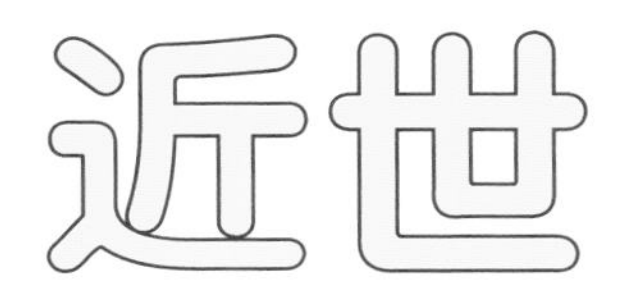
近世

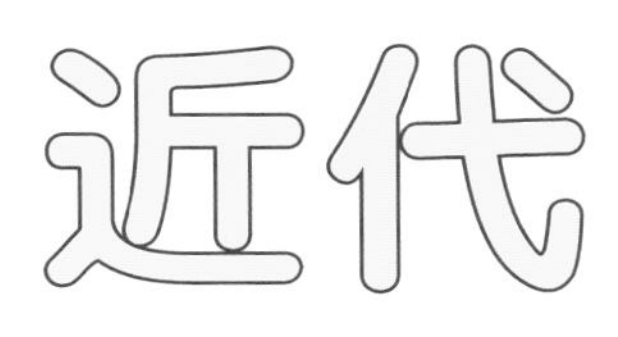
近代

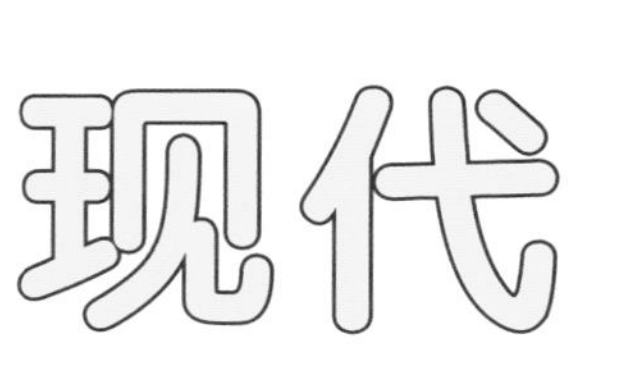
现代

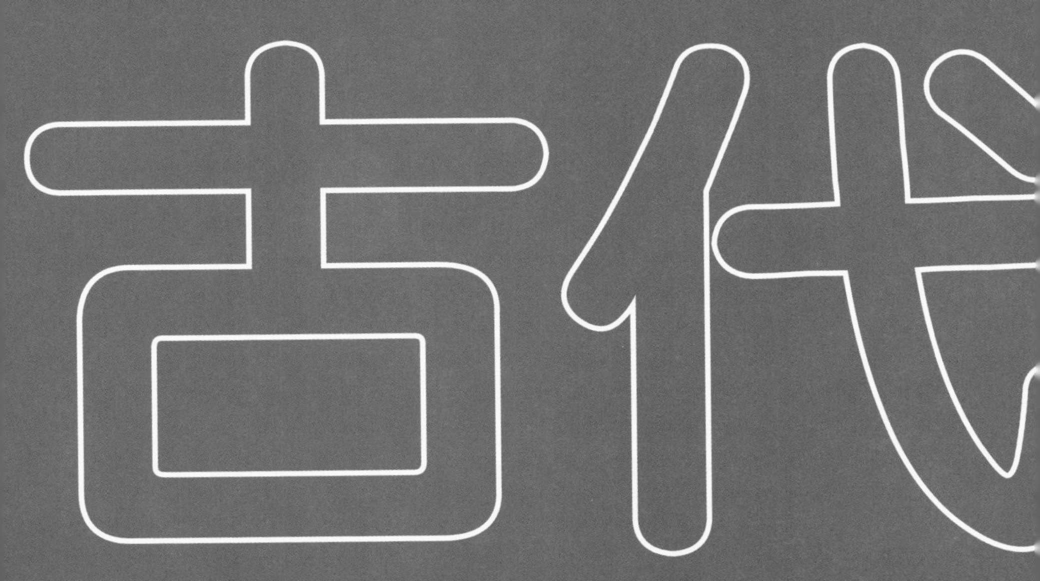
古代

三内丸山遗址

01 大黑柱从何而来?

三内丸山遗址
(公元前 5500—前 4000 年前)

相关·笔记 心柱,唯一神明造,大社造

设计者 ——

“将柱子竖起来”被认为是建筑的起源之一。

在**三内丸山遗址**等**绳文时代**遗址中,出土过不少**巨大的木柱**。由于柱子以上的结构并没有遗留下来,因此我们难以了解其详情,但这些柱子过于巨大,远超居住所需,被认为很可能是用来祭祀的建筑。

如果去看弥生时代的**竖穴式房屋**,可以发现有四个柱子的痕迹,但这不是**大黑柱**㊀的痕迹。建立于室町时代后期,被推定为日本最古老民居的**箱木千年家**(参照 14)中,也还没有大黑柱的痕迹。

与之相对,作为祭祀设施的**法隆寺五重塔**有**心柱**,**伊势神宫**和**出云大社**的中央也有**心御柱**,可见柱子本身有着重要的含义(参照 02~04)。

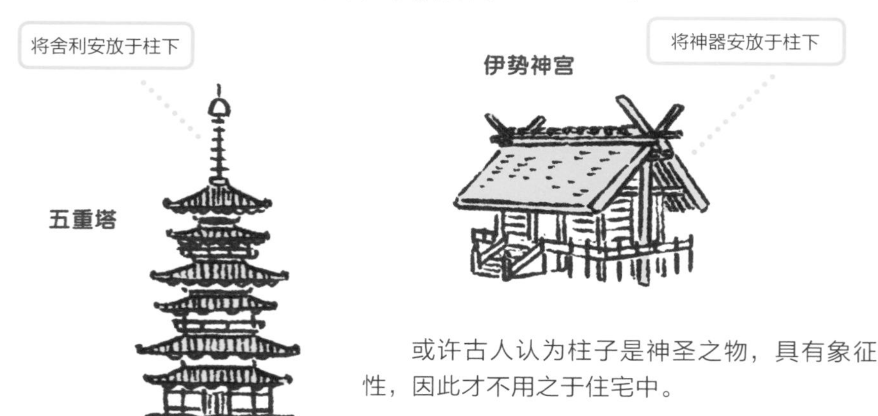

或许古人认为柱子是神圣之物,具有象征性,因此才不用之于住宅中。

㊀ 大黑柱:顶梁柱,是指立于建筑中央的柱子,柱径较粗。

但最终，**大黑柱**还是走进了千家万户。

时间来到江户时代，以**江川家住宅**为代表，大黑柱逐渐在民居中普及开来。

江川家住宅（1600 年前后）

但在明治时代以后，情况逐渐发生了变化。从西欧引入的砌体结构原本就没有立柱；进入昭和时代后，用被称为“**大壁**”的厚墙将柱子隐藏的**近代数寄屋**也开始普及（参照 **45**）。

近代以后，**现代主义建筑**（参照 **44**）的广泛传播也产生了不可小觑的影响。现代主义建筑大多是抛弃了装饰的简洁构成，不让柱体暴露在外。随着近年无柱的木造框组壁构法㊀的兴起以及现代人不再将立柱视为不可或缺的物体，**大黑柱的数量日趋减少**。

真壁
将柱子暴露在外
的墙壁

大壁
将柱子隐藏，使之
不可见的墙壁

即便如此，认为**柱子意义非凡**（赋予其象征性）的理念已经扎根于日本人的节日庆典和语言文化之中。从日本传统文化的角度看，在房屋中特意使用大黑柱，或许可以为空间带来特别的含义。

㊀ 木造框组壁构法：由于下框、竖框、上框等主要部分由以 2 英寸 ×4 英寸（1 英寸 =2.54cm）的定制材料构成，因此也称为 2×4 工法。木造框组壁构法是 19 世纪诞生于北美的木结构建筑的建造方法之一，是由采用结构用胶合板的承重墙和刚性地板牢固地融为一体的方盒子结构体，具有高耐震性、耐火性、绝热性、气密性与隔声性。

02

地震也不会倒塌？五重塔与**心柱**之谜

法隆寺五重塔（公元 680 年前后）

相关·笔记 大黑柱，大社造

设计者 ——

心柱，是建筑物，特别是佛塔正**中心的柱子**。

日本是**地震大国**，迄今为止遭遇过不少地震带来的损害。但颇耐人寻味的是，据数据显示，建于江户时代以前的**五重塔**，竟然从未因地震而**倒塌或严重损坏过**！到底是为什么呢？这至今仍是个巨大的谜团。

“以柔克刚”之说

难道不是因为五重塔又细又高？看起来很容易倒塌，但越细长就越柔软，更容易将外力卸掉

“弥次郎兵卫”㊀之说

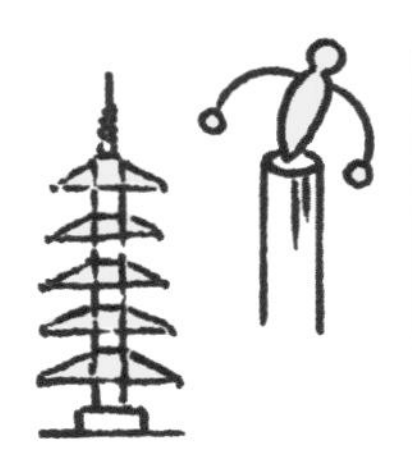

难不成是远远挑出的屋顶，就像弥次郎兵卫一样可以保持平衡？将重心维持在支点正下方，这样就不会倒下

“蛇舞”之说

也可能是因为各楼层会左右摇晃，使建筑本体和心柱碰撞，最终能量相互抵消？

“斗拱”之说

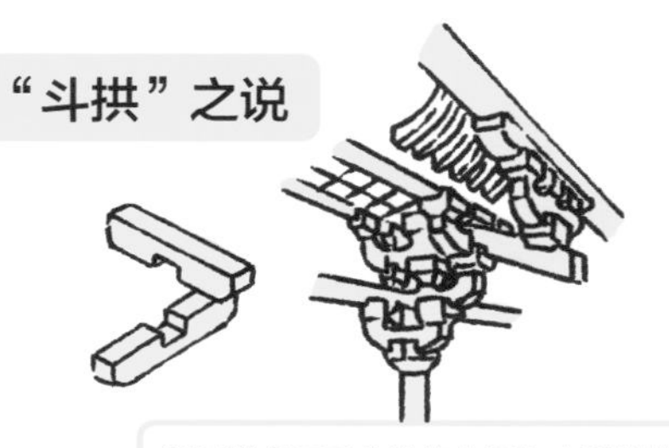

还是说多亏了斗拱的作用？木质斗拱有极强的变形能力，或许是它吸收了地震的能量

㊀ 弥次郎兵卫：一种日本传统玩具，玩法类似不倒翁。

仔细想想好像还是**心柱**的效果最大！
很有可能是起到了单摆的作用！

1300 多年前就建在这里了，一定有不得了的作用吧！

心柱

但令人遗憾的是，心柱在结构上的作用至今没有被证实。（这么说来，外围的五层建筑只是为了保护心柱而建也说不定……）

这一学说也没有被证实……不过，仅仅看外观似乎就有着不小的作用……

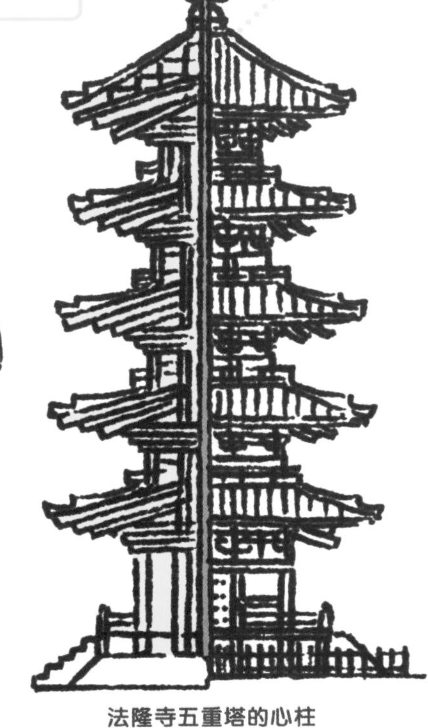

法隆寺五重塔的心柱

古代人对立柱之神圣有着强大的信念，例如御柱祭，伊势神宫的心御柱，大黑柱……

虽然五重塔的结构之谜尚未解开，但在 2012 年，使用心柱型附加重量机关的抗震结构的建筑宣告竣工。

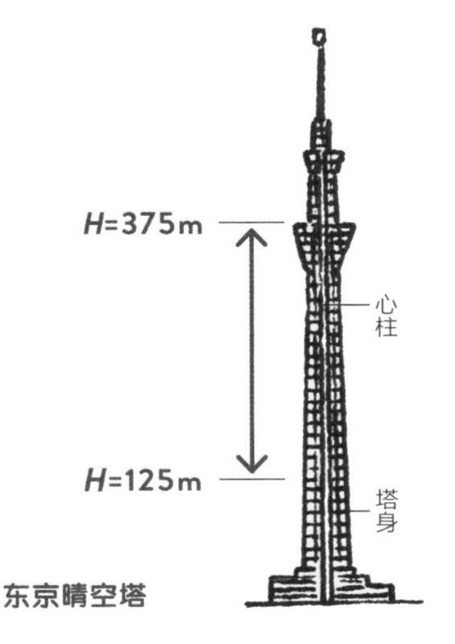

东京晴空塔

那就是**东京晴空塔**！

心柱在 125m 以下部分是与塔身相连的，往上是独立的结构。这样设计，使塔身的晃动形式和固有周期都发生变化，在地震时有缓和晃动的作用。

研究还在不断推进，当五重塔和心柱的结构之谜真相大白的那一天，未来的建筑也一定会将它所蕴含的智慧继承下去吧。正因为有这样的谜团，未来也让人期待不已。

03 无数次重获新生的 唯一神明造

伊势神宫（公元 690 年※）

※第一回式年迁宫年份

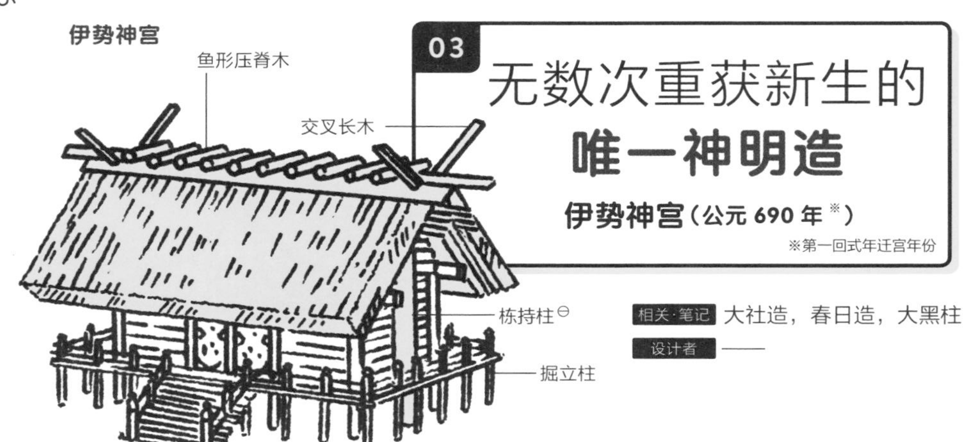

相关·笔记 大社造，春日造，大黑柱

设计者 ——

在远古，日本人将**自然本身**视为神明。他们祈祷的对象多种多样，“**八百万神明**”将这种思想体现得淋漓尽致。他们认为，正是由于自然的荫庇人类才得以生存。

然而，公元 6 世纪中叶，**佛教**和寺院（佛教建筑）一同从中国传入日本。

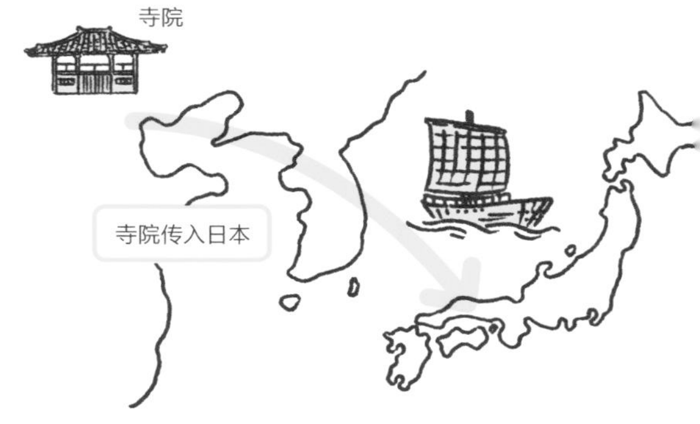

于是人们开始思考，是否该为日本的神明也设计相应的建筑物。于是，**伊势神宫**应运而生。

伊势神宫的建筑形式前无古人后无来者，由此得名**唯一神明造**。

㊀ 栋持柱：位于两边山墙外侧，用于支撑屋脊的柱子。

与寺院或是欧洲的教堂相比，伊势神宫最大的特点就是**式年迁宫**制度。

石造教堂

建造时就以长期耐用为标准

通过修理维护实现长期使用

木造寺庙

通过式年迁宫
一次又一次重获新生

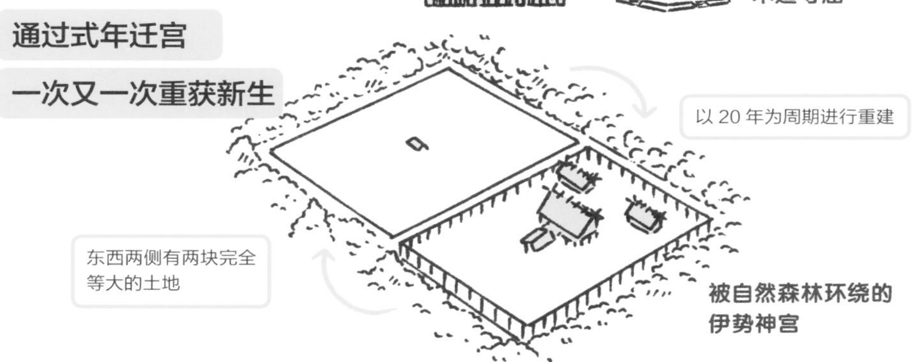

人们以 20 年为周期，将旧的伊势神宫建筑拆毁，并在旁边相同大小的土地（宫地）上将其**重新建造**，即式年迁宫制度。

人们认为，通过使神社和周边事物焕然一新，能使神明（大御神）保持活力、因重生而变得更加强大。为此，式年迁宫是必需的，就像**神明们乔迁新居**。借此制度，当时的建筑技术和神社的神器用具都得以**传承至今**，无论何时都维持着**崭新且恒久不变**的样式。

西欧建筑体现着较强的与**自然对抗**的意味，日本建筑则更重视与**自然的调和**。**伊势神宫**通过 20 年一次的脱胎换骨，似乎也是以建筑的形式承载了**生命与自然本身的循环往复**。这些建筑或许在色彩和装饰上无法和别国的建筑相比，但正是以**不施彩色**、**不加装饰**的面貌，营造了圣洁高贵的氛围，成为体现日本人思想、**值得世人赞颂的日本建筑**之一。

承蒙恩惠的思想

认为受到自然荫庇才得以生存

04 直通云霄的**大社造**巨柱

出云大社（最晚在公元 700 年前后）

相关·笔记 唯一神明造，春日造，悬造

设计者 ——

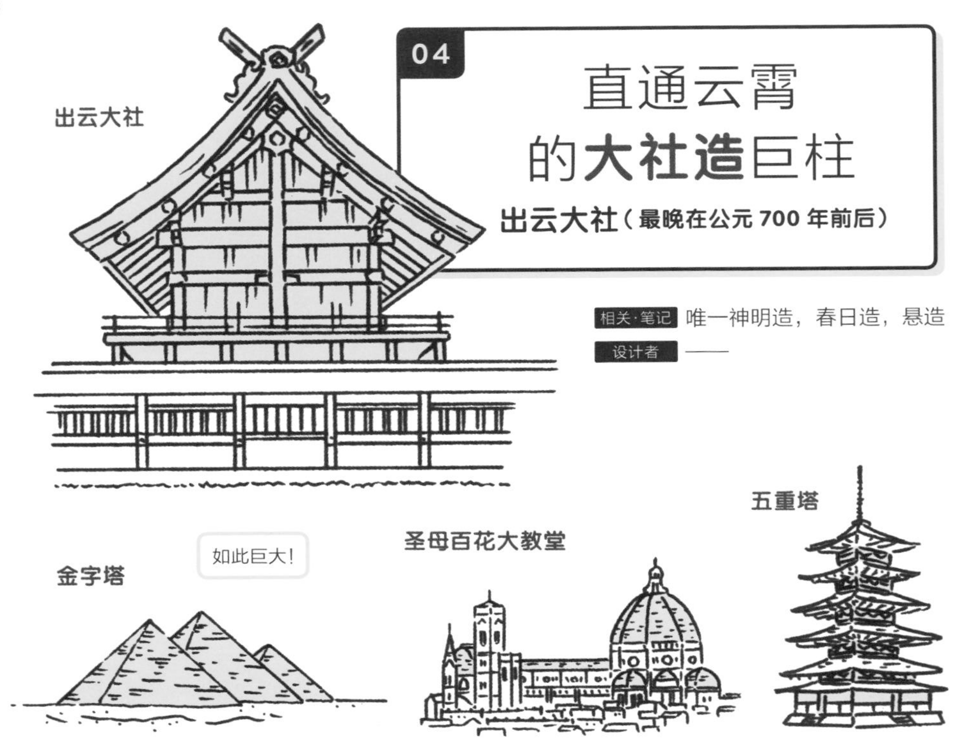

金字塔、大教堂、五重塔……为什么人类会想建造**高大的建筑物**呢？自古以来人们总感觉高处有神圣的东西可以说是其原因之一。人类面对自然变化、疾病、饥饿，往往感到无能为力，因此需要祈祷，向神明表达感激之情。在高处表达感激自然更好，因此祭祀建筑作为连接人神两界的桥梁便被建得很高。

在日本最古老的史书《**古事记**》中有所记载的**出云大社**也属于其中之一。现在的正殿（1744 年建造）高约 **24m**（8 丈），大致相当于八层楼的高度。但据说在更久远的年代，正殿的高度是现在的 2 倍，高度达到**约 48m**（也有 **96m** 的说法）！

过去相信此说者不多。直到某日，考古现场有了出人意料的发现！

在出云大社范围内，发掘出被捆为一束的三根直径约 1.3m 的柱子！一并出土的还有一部分铁制品残片，被认为用于捆绑柱体！

出云大社正殿 平面图

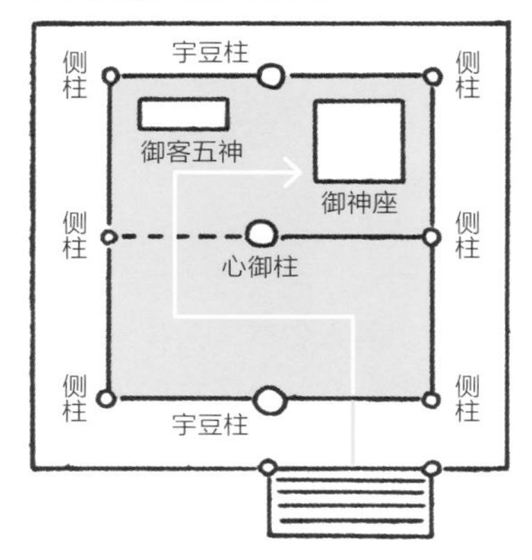

柱基被发掘出好几处，其位置与平安时代的图纸**《金轮御造营差图》**（古代出云大社平面图）所载基本一致。

出云大社的样式被称为**大社造**，特征是**掘立柱**、**歇山顶**、**由山面入口**（参照 05）。和**唯一神明造**的伊势神宫不同的是，出云大社的歇山顶描绘出了**优雅的曲线**。同时，可能是出于对神明的敬畏，入口被设置在山墙面的右侧，动线则蜿蜒曲折绕向最深处的御神座。

泰国达鲁安诺格村祭祀设施

小祭坛
祭坛
心御柱
凉台
入口

将祭祀建筑建造得**高大宏伟**可以说是**全世界共通**的。在平面设计上，泰国山岳地区民族聚落的祭祀建筑形式和出云大社如出一辙。

每当像这样发现世界各地的共同之处时，就不禁感叹人类思想的紧密连接！通过了解历史，学习留存的文献和遗址，所看到的世界也会因为蕴含的故事性和文化价值变得更加开阔。

05

将古代信仰传递至今的**春日造**

春日大社（公元 768 年）

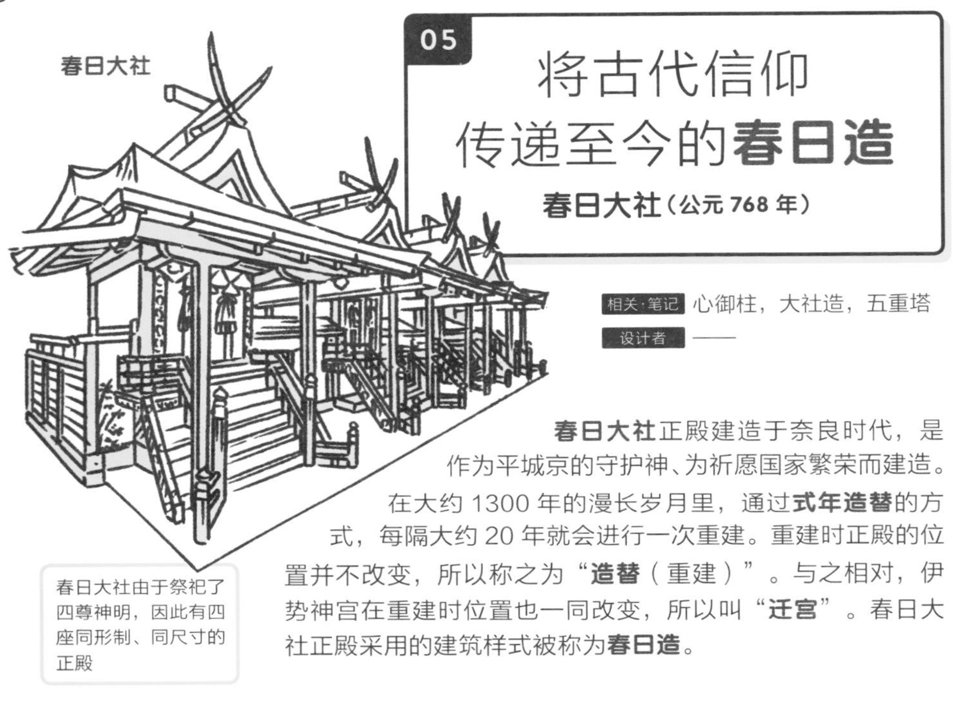

春日大社由于祭祀了四尊神明，因此有四座同形制、同尺寸的正殿

相关·笔记 心御柱，大社造，五重塔

设计者 ——

春日大社正殿建造于奈良时代，是作为平城京的守护神、为祈愿国家繁荣而建造。在大约 1300 年的漫长岁月里，通过**式年造替**的方式，每隔大约 20 年就会进行一次重建。重建时正殿的位置并不改变，所以称之为“**造替**（重建）”。与之相对，伊势神宫在重建时位置也一同改变，所以叫“**迁宫**”。春日大社正殿采用的建筑样式被称为**春日造**。

大多数神社的正殿都是**檐面入口式**（把入口设在与屋檐相平行的侧面），而春日造则使用**山面入口式**，并在正面另加一个**单面坡屋顶**。除此之外，大多数春日造建筑都采用一种叫“**一间社**”的**极小规模**的建筑，这也是一个很明显的特征。

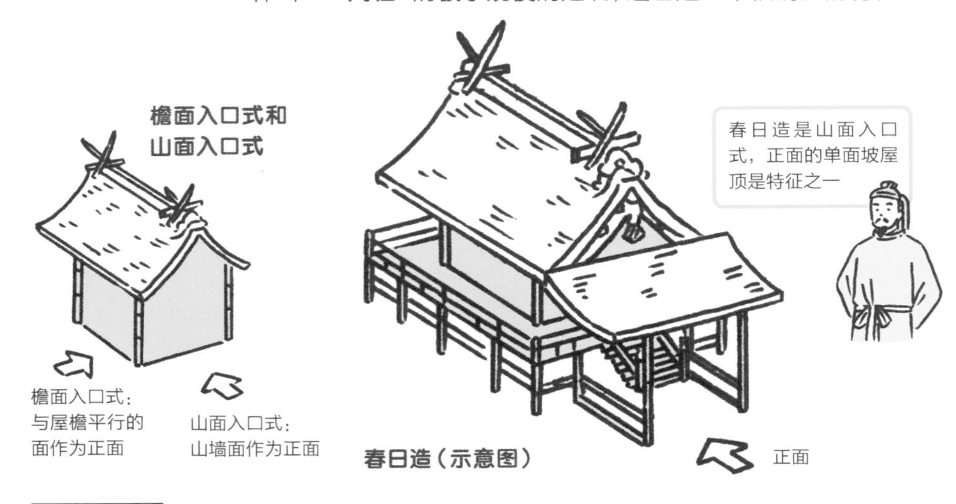

注：为保护文化遗产，春日大社在 1863 年重建后不再新建，而是以大规模修缮代替重建。

春日大社正殿的平面大约为 6.4 尺 × 8.7 尺（约 1.9m × 2.6m），仅有**三张榻榻米**的大小。其有着守护国家这一宏大目标，但规模却如此之小。这到底是为什么呢？

正殿平面图

正殿规模示意图

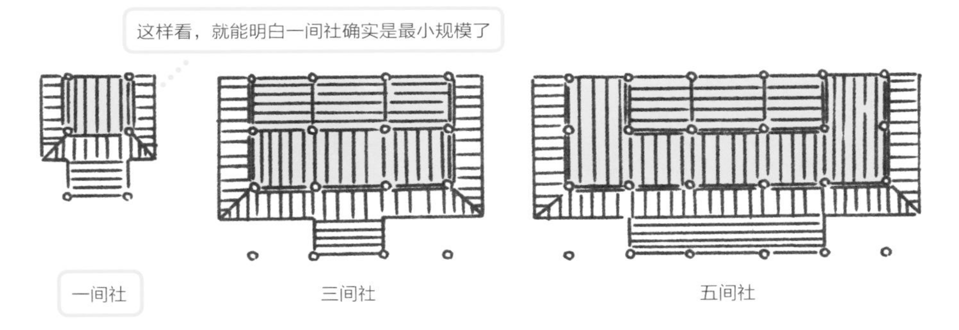

春日大社起源于奈良时代在**御盖山**山顶建造的祭祀建筑。也就是说，作为敬畏对象的**神灵**就是御盖山本身。在春日大社东侧还有 30 万坪㊀ 的广大春日山原始山林，这也是**神域（神山）**的一部分，是信仰的对象。自古以来，（住在这里的）人们就追求着**与自然的和谐共存**。

这也可以从四座正殿中看到蛛丝马迹。春日大社领域内是山麓的坡地，但建造时避免了大规模的土地平整，而是将建筑，特别是回廊顺应山体的**倾斜绵延布局**。除此之外，虽然四座正殿都是同样的大小和形态，但从东侧地势略微升高的第一殿开始到西侧的第四殿，都是结合了原有的地形的不同高差而建造。其中也隐含着人们对神圣场所的敬畏之心。

传统的观点中**大自然里寄宿着神明**，因此小小的正殿也寄托了对土地的关怀。虽然日本全国现存的春日造神社大多都是“一间社”，如果从**与自然和谐共处**的角度考虑，这或许也是理所当然。

㊀ 坪：日制面积单位，1 坪 ≈ 3.3 平方米。

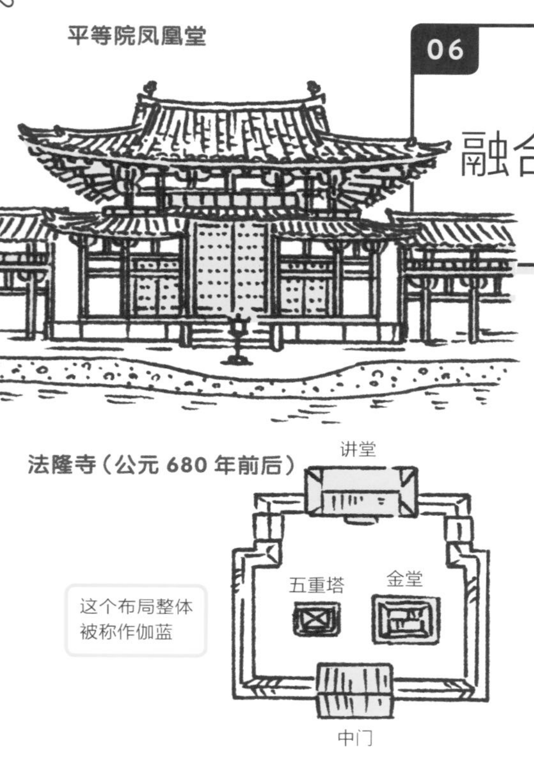

06

建筑与庭园融合而成的**净土庭园**

平等院凤凰堂（1053 年）

相关·笔记 伽蓝，阿弥陀堂，藤原赖道

设计者 ——

在此之前的佛教建筑中，由塔、金堂、讲堂以及将它们包围在内的回廊组成一个完整的宗教空间，合称为**伽蓝**。而庭园在当时并不存在。

在平安时代中期逐渐繁盛的**净土教**教义中向往着**极乐净土**。这一思想也反映在庭园中，于是**净土庭园**诞生了。

它的特征是兼备水、石、绿植和**沙洲**，在庭园中还可以看到小舟。自古以来对日本人而言，小岛的水滨上有铺满砂石的**沙洲**，方称得上是极乐。这一构成与寝殿造的庭园也有相通之处。净土庭园现在仅存两处，分别是**平等院凤凰堂**庭园和毛越寺（平泉町，1150 年前后）庭园。

绘画、雕刻、工艺品
所有可以想象到的
手工艺品的结晶

闪闪发光的内部

闪闪发光的佛像

平等院凤凰堂，是安放本尊**阿弥陀如来坐像**（日本国宝）的**阿弥陀堂**，主要由四部分构成，分别是中心的中堂，南北两侧的檐廊，以及最后的尾廊，整体成为一个华丽且庄严的广阔空间。中堂的屋顶上栖息着凤凰，因而从江户时代开始被称作**凤凰堂**。如果俯瞰的话，可以看到建筑群是在模拟凤凰展翅欲飞的姿态。

阿弥陀像

以前的修行是一边念经一边围绕阿弥陀像行走

此外，由于阿弥陀堂并非修行场所，**方三间**（四角设柱形成一个正方形，每边为三间）的形式也就可以了。

从这些细节中可以看出，凤凰堂为思想赋予形态，又以装饰展示出来，再让内部空间贴近人的行为，最后使庭园与之合为一体。通过与自然庭园的结合，建筑也展现出更加优雅的姿态。

投入堂

07 是谁将它掷入断崖？悬造※

投入堂（1150 年）

※悬造：一半悬空的建筑物

相关·笔记 春日造，椽子，役行者

设计者 ——

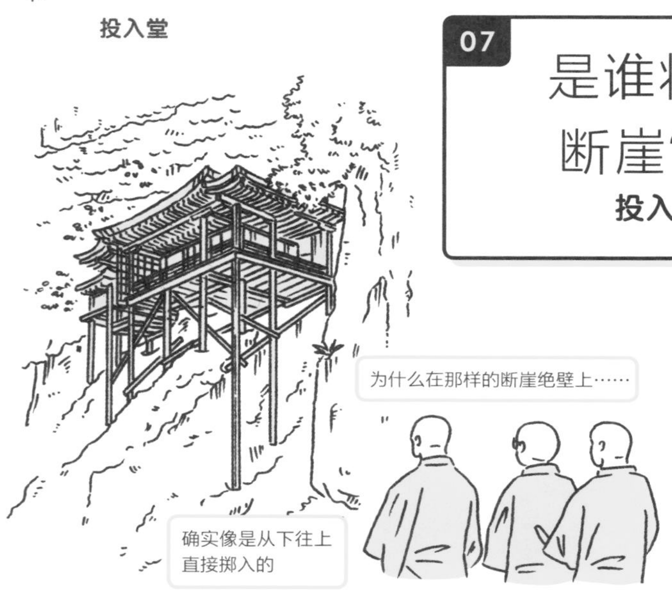

役行者（修验道的始祖）用法术将佛堂变小，"嘿"的一声掷入了绝壁之中。不知大家是否听说过留下这一传说的**三德山三佛寺的投入堂**呢？

三德山三佛寺的创始最早可以追溯到飞鸟时代末期的公元 706 年。投入堂紧贴在海拔 520m 的断崖之上（与歇山造的、有柏树皮葺顶的爱染堂相连），建于平安时代后期，现在是日本的国宝建筑。

这类建筑被称为**悬造**。悬造又名**舞台造**，是一种在峭壁或高差悬殊处，**依据地势立柱建造**的技法。

水平地面通过悬崖以及岩壁上多根不同长度的柱子来支撑，柱和柱之间则使用**贯**（参照 10）和**斜撑**进行固定。密教与修验道遵循山岳的信仰，往往会选择将佛像与观音像安放在悬崖和岩洞之上。

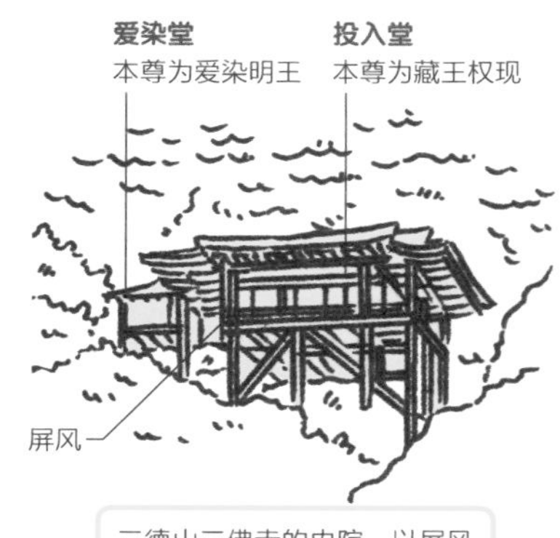

三德山三佛寺的内院，以屏风为界分为两座佛堂

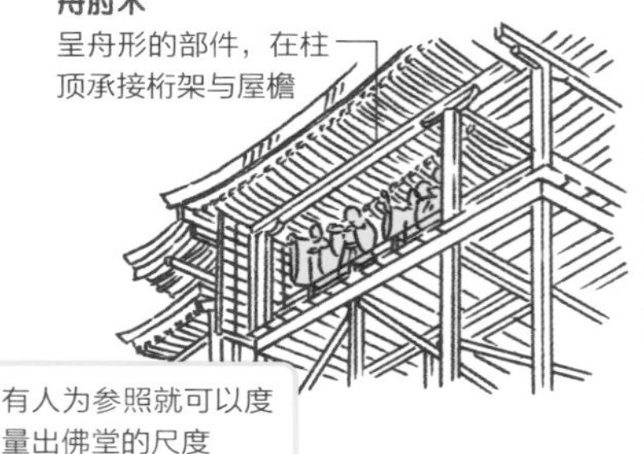

在三佛寺，引向投入堂的参拜路线中还有其他几座重要的建筑。顺着登山道攀爬，会路过**室町时代后期的悬造**建筑**文殊堂**和**地藏堂**。继续攀登就可以看到镰仓时代的**钟楼堂**，以及和投入堂同时代建造的**春日造**（参照 05）的**纳经堂**。简直是稀有建筑大合集！

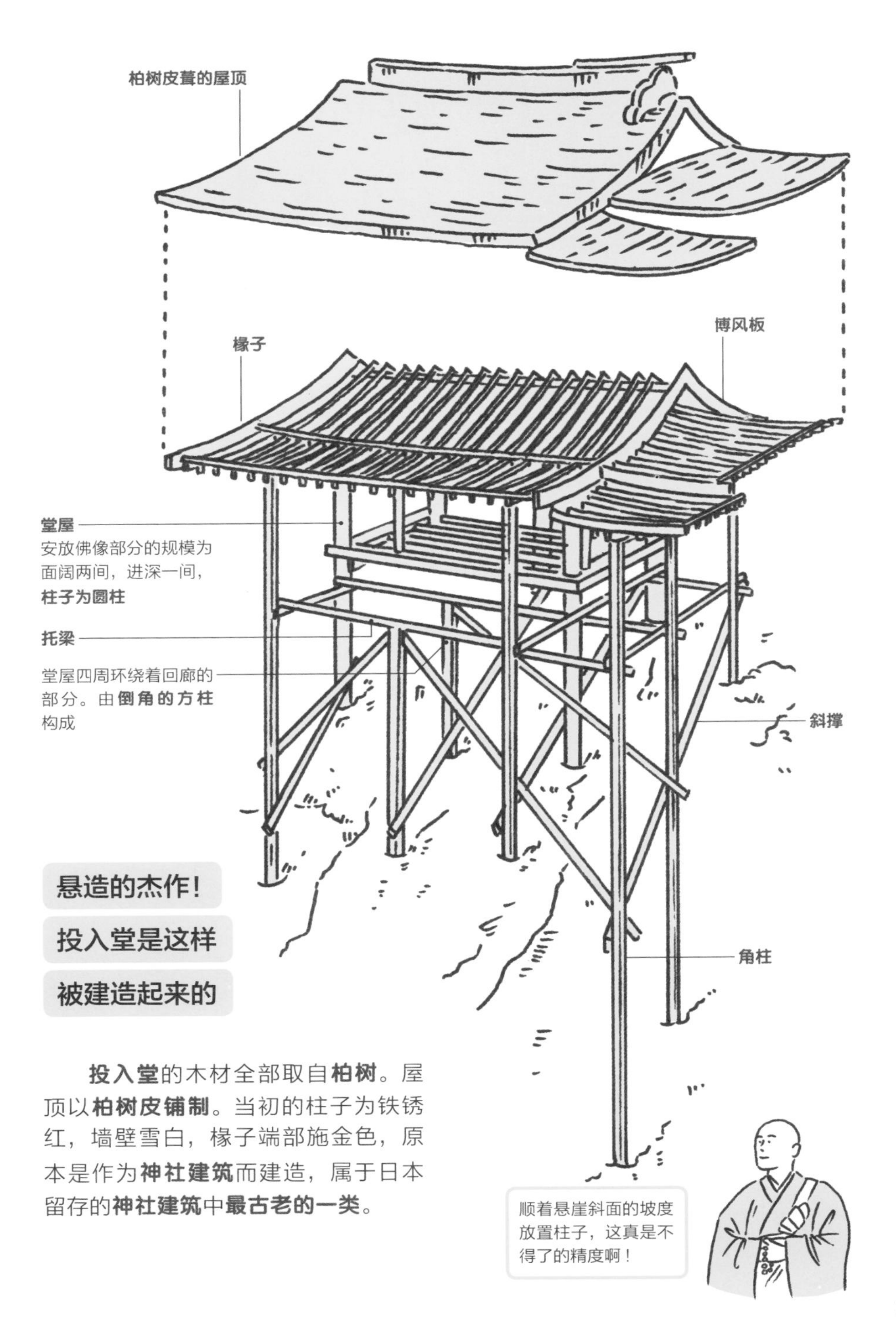

悬造的杰作！投入堂是这样被建造起来的

投入堂的木材全部取自**柏树**。屋顶以**柏树皮铺制**。当初的柱子为铁锈红，墙壁雪白，椽子端部施金色，原本是作为**神社建筑**而建造，属于日本留存的**神社建筑**中**最古老的一类**。

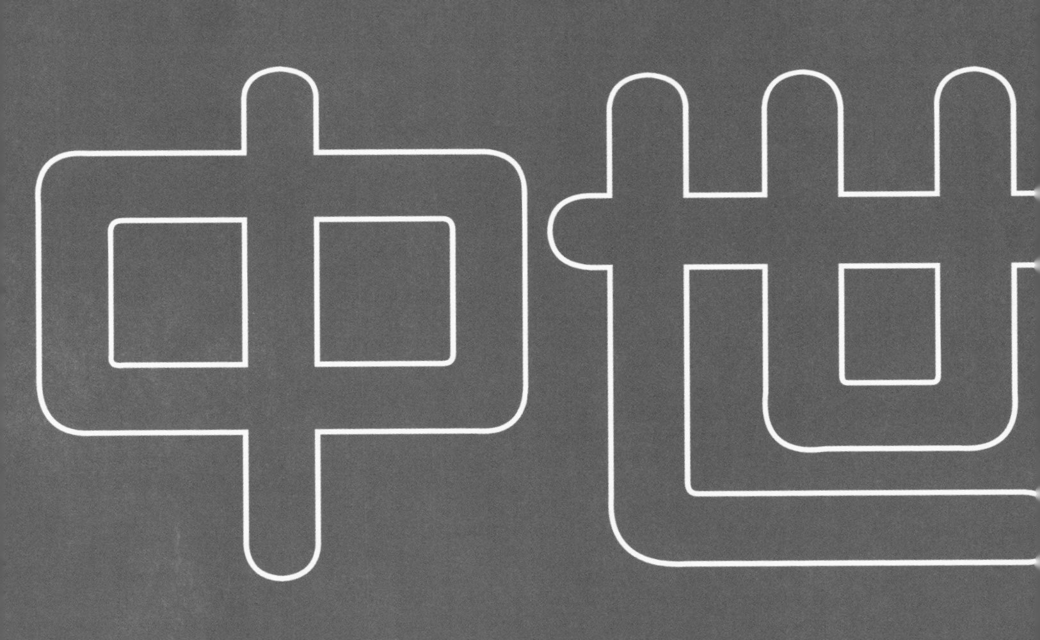
中世

08 将结构变为装饰 桔木的力量

法界寺阿弥陀堂（平安时代末期）

支撑佛寺屋顶的构件中，不得不提的就是**椽子**了。

相同的原理一直沿用到现代住宅当中。

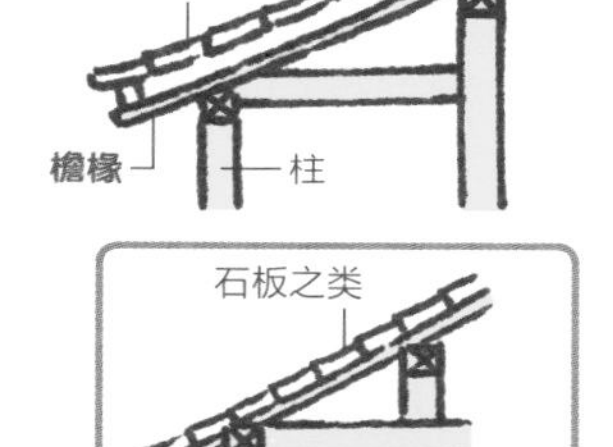

表现日本建筑优雅姿态的正是屋顶！

更夸张的出檐与微妙的弧度对于屋顶的美观十分重要，但如果“用力过猛”则会导致断裂，而即便将椽子尽可能地细密排布，也有一定的限度。有没有根本性的方法能将檐挑出呢？

就在此时，崭新的构件——桔木诞生了

通过运用**桔木**，在当时实现了前所未有的出檐长度。

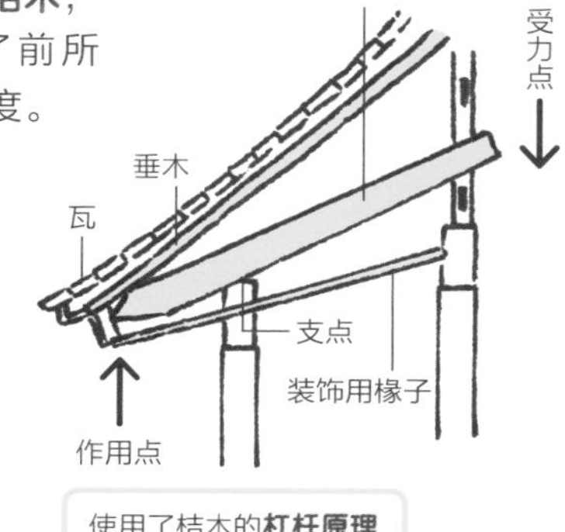

桔木之功劳未隐于檐廊之下㊀，而藏诸顶棚㊁之上！

与此同时，**椽子**的功能也被完全替代了。但椽子本身并没有消失，而是从**结构构件摇身一变**，作为**装饰构件**留存下来。

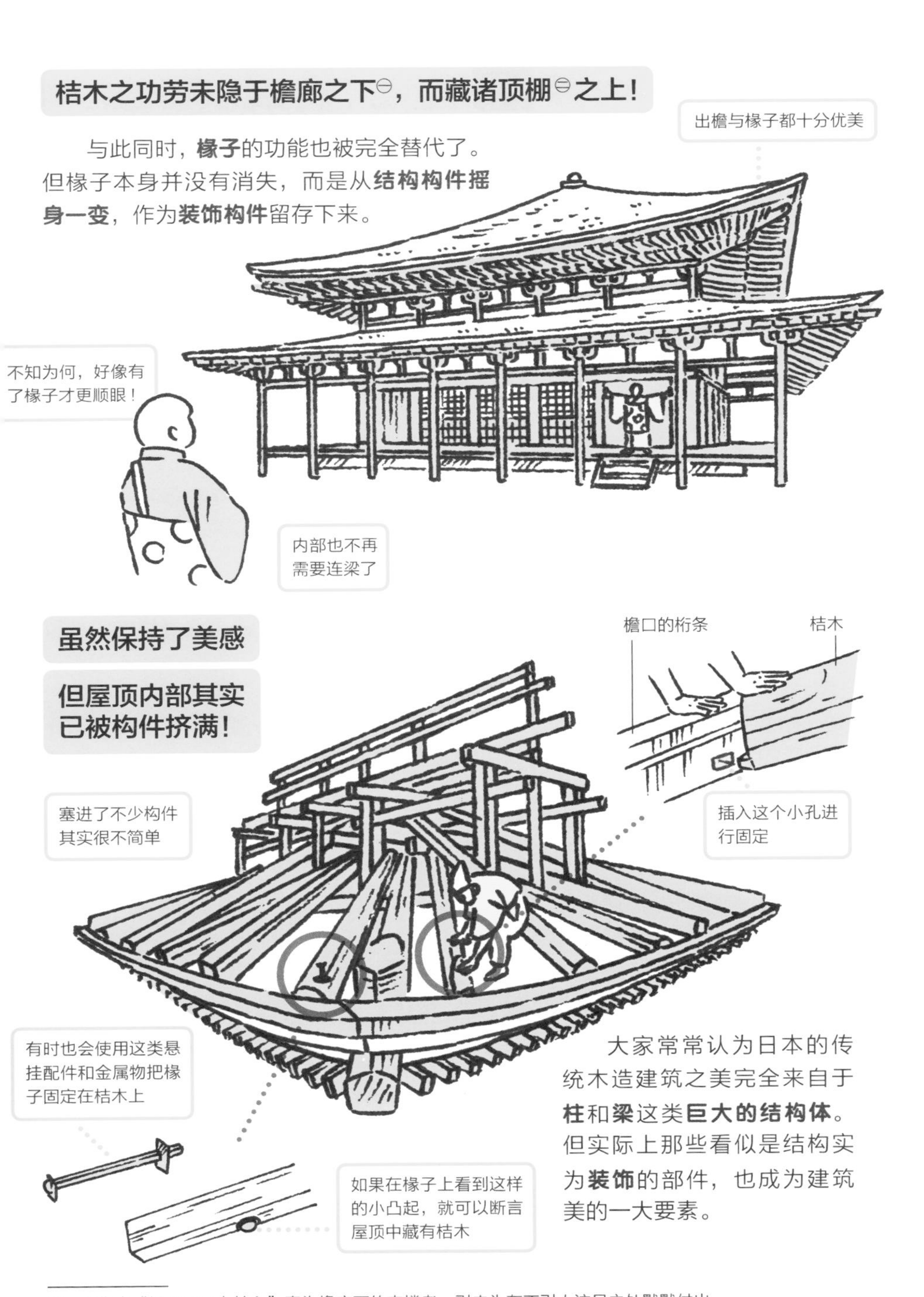

虽然保持了美感

但屋顶内部其实已被构件挤满！

大家常常认为日本的传统木造建筑之美完全来自于**柱**和**梁**这类**巨大的结构体**。但实际上那些看似是结构实为**装饰**的部件，也成为建筑美的一大要素。

㊀ 原作中“縁の下の力持ち”意为檐廊下的支撑者，引申为在不引人注目之处默默付出。

㊁ 原作中“天井”，为和式房间的顶，因与汉语中“天井”的意思不同，故意译为“顶棚”。

09

枝条编格窗源于平民的掘立住宅㊀

信贵山缘起绘卷（1192 年）

相关·笔记 间户，窗，茶室

设计者 ——

在日本建筑中，由梁和柱构成的**梁柱结构**是主流。有一说法认为“户（门）”是在**柱与柱之间**置入，因而取“**间户**”㊁两字。为适应四季变化和各种用途，发展出了木板门、纸障子㊂、格子门等多样的门窗隔扇，再加上横向推拉或内外平开等开合方式的丰富变化，创造出了舒适的居住环境。

另一类**窗**在西欧石制建筑中十分常见，也就是在墙壁上直接开口的做法。这类窗在**城郭建筑**（参照 16）以外的传统建筑中很少见到，其中最具代表性的就是**枝条编格窗**。

所谓枝条编格窗，是指将作为土墙基底的**细竹骨架的一部分留着不用土填补而形成的窗**。土墙底子的骨架是用细竹和竹片编成的格子形状，也被称为**小舞**（板条）。

平安时代末期的长幅画卷《**信贵山缘起绘卷**》中，这类枝条编格窗在家境贫寒的平民住宅里多有出现，可见其历史悠远且普及程度很高。

枝条编格窗的制作工序

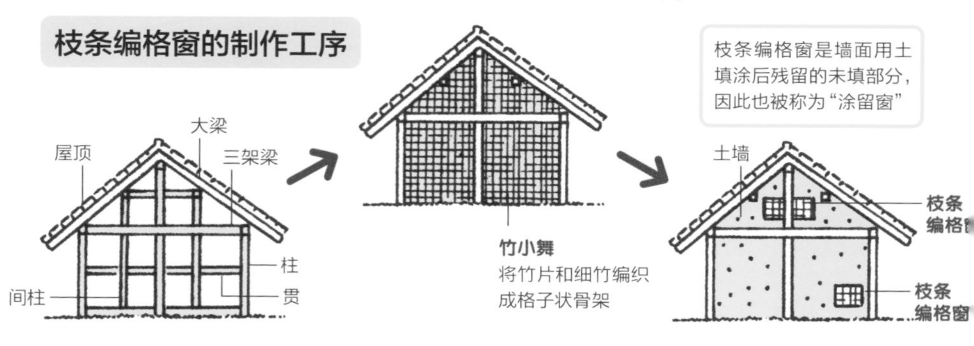

㊀ 掘立住宅：是指在地面上挖洞，不使用基石，直接立起柱子（掘立柱），以地面为底的住宅。

㊁ 间户：一般用于日本传统建筑，是指柱与柱之间的开口部分。其发音与日语中“窗”的发音相同，但意义比窗更丰富。

㊂ 障子：日式房屋中作为隔间使用的可拉式糊纸木制窗门。

由于**开口处**未设置窗户，寒暖皆与外界相通，兼具通风和采光的作用。

枝条编格窗原本是单纯将竹骨架外露而形成的窗，但被**茶室**一类的建筑所采用后，逐渐改良成为卷有藤蔓的风雅形式。

枝条编格窗的构造

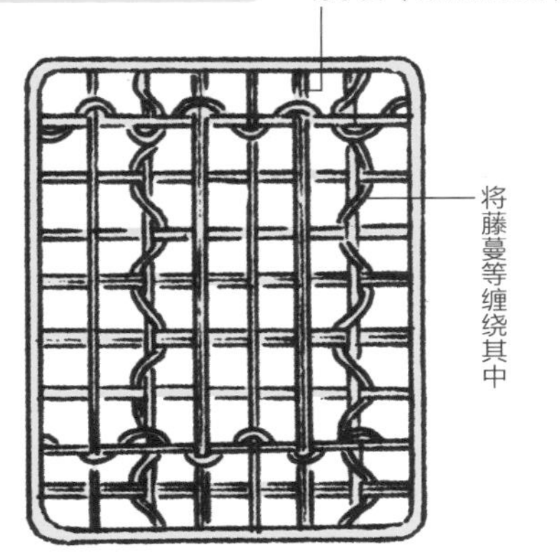

日趋风雅的茶室枝条编格窗

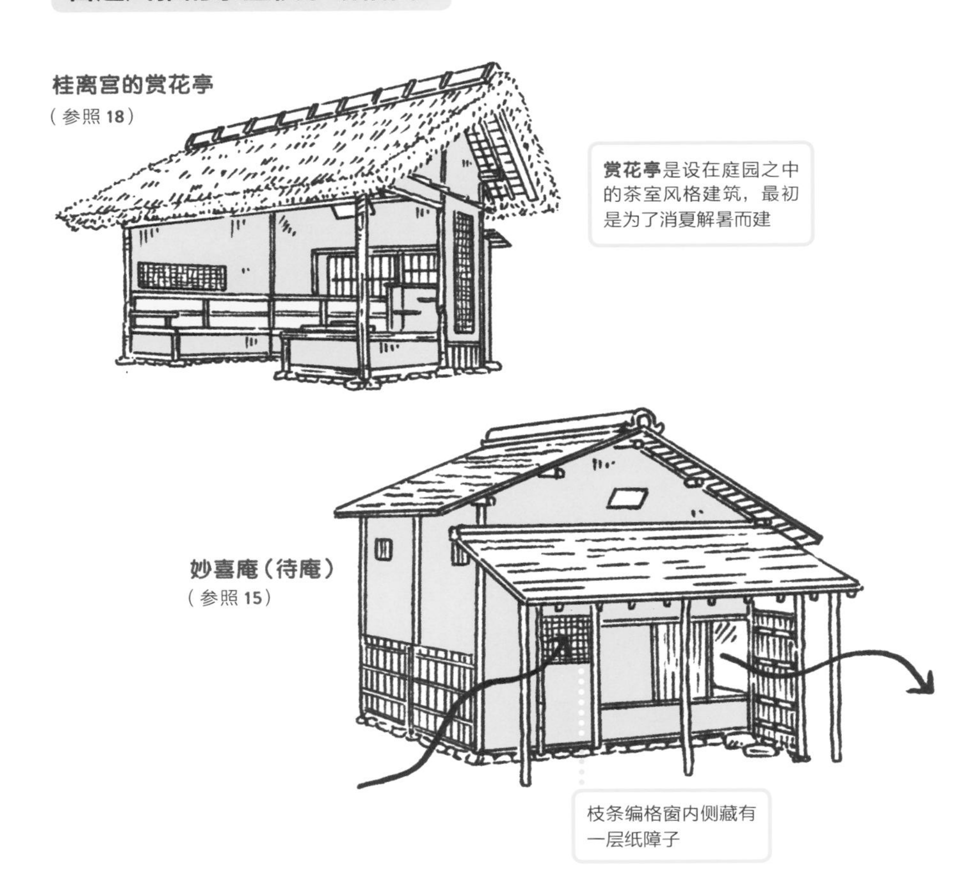

10

无贯则不成**大佛样**的坚固结构

东大寺南大门（1199年）

相关·笔记 和样，禅宗样，长押

设计者 重源（大僧侣）

1180年，**东大寺**烧毁在平重衡向南部讨伐的大火之中。在那之后虽然经历了重建，却不再继承原本的**和样**样式（和式），而是以**大佛样**（二战前称为天竺样）的新面貌示人。究竟是什么原因呢？

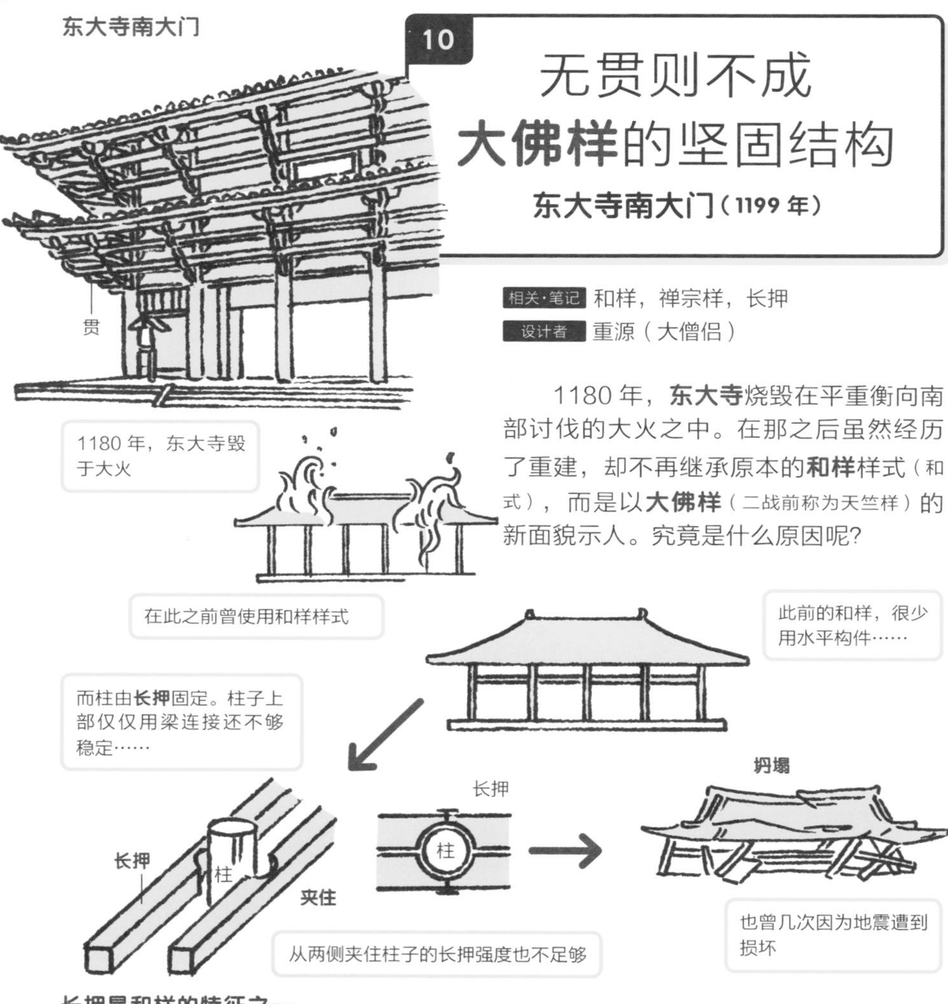

长押是和样的特征之一

为解决这一系列问题，**重源**（1121-1206年）登场了。他通过在和样的基础上加入可以抵御地震的**贯**，创建了崭新的建筑样式——**大佛样**。

所谓贯，是一种**横跨柱体的水平构件**，可以提高建筑的结构强度。这类在柱上开口的手法，据说可以追溯到绳纹、弥生时代。但不知为何，在和样中类似的手法**并未被采用**。

日本僧侣，宋代时前往中国学习先进技术和文化，回国后建成东大寺

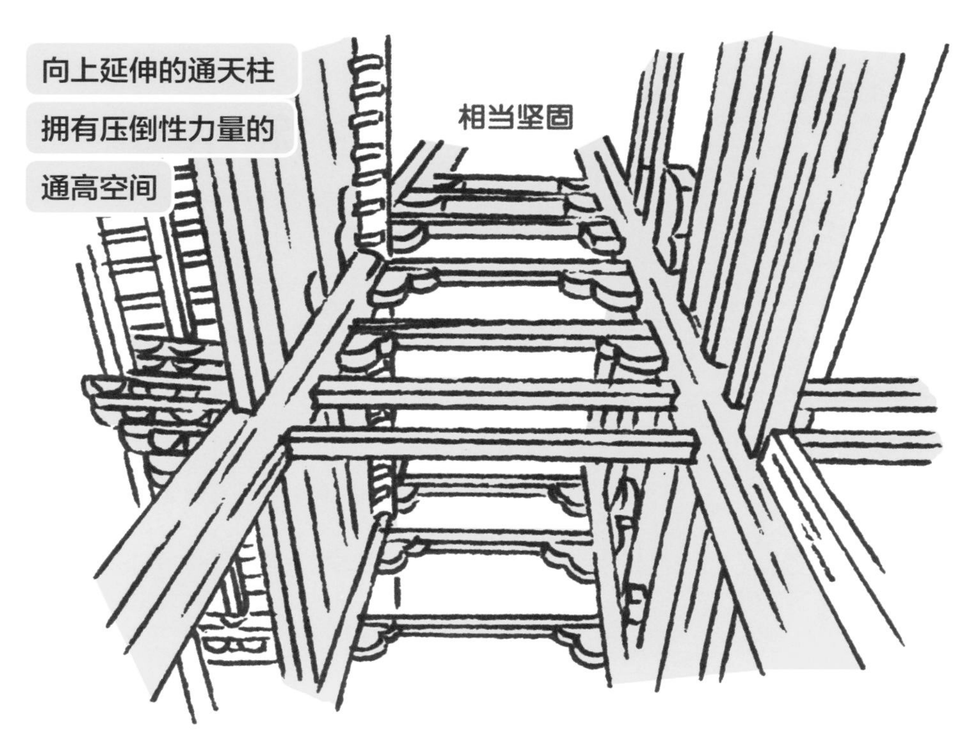

或许从中国的竹结构建筑中获得了灵感吧

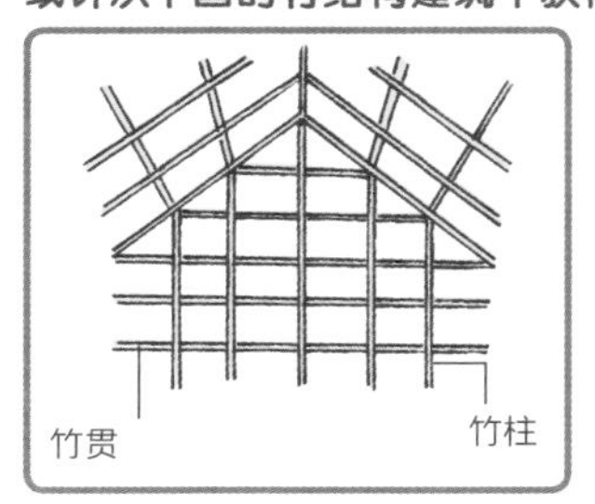

为什么**重源**能够完成**和样**的进化呢?

大佛样诞生的秘密在于重源的留学之地。重源曾几度前往**中国**（宋）。人们认为他是从竹构造建筑中汲取了灵感。

只是即便如此，也无法完全解释和样与大佛样结构间的巨大差异。因此，很多细节至今仍是谜团。

无论如何，**重源**通过**贯**将结构的强度提升到了一个崭新的高度，在财力和技术上皆无余力的时期，仍出色地完成了东大寺的**重建**。

高强度且结构合理的贯，在此后的日本建筑中被有效使用。大佛样的一部分经过改良成为后来**禅宗样**（参照12）的**初期形态**，但或许是同传统的和样**差别太大**，因此逐渐被弃用。即便如此，能够引入外来构造技术的闪光点，并在后来的建筑中有效使用，当时人们的这种智慧仍是十分值得赞扬的。

大佛样可能是有些太独特了

11 超长的**和小屋**

三十三间堂（1266年）

相关·笔记 和样，大佛样，叉手

设计者 ——

和小屋是用于支撑坡屋顶的一种架构形式。过去的人们在用它实现大跨度空间时，遇到了一些小小的**麻烦**。

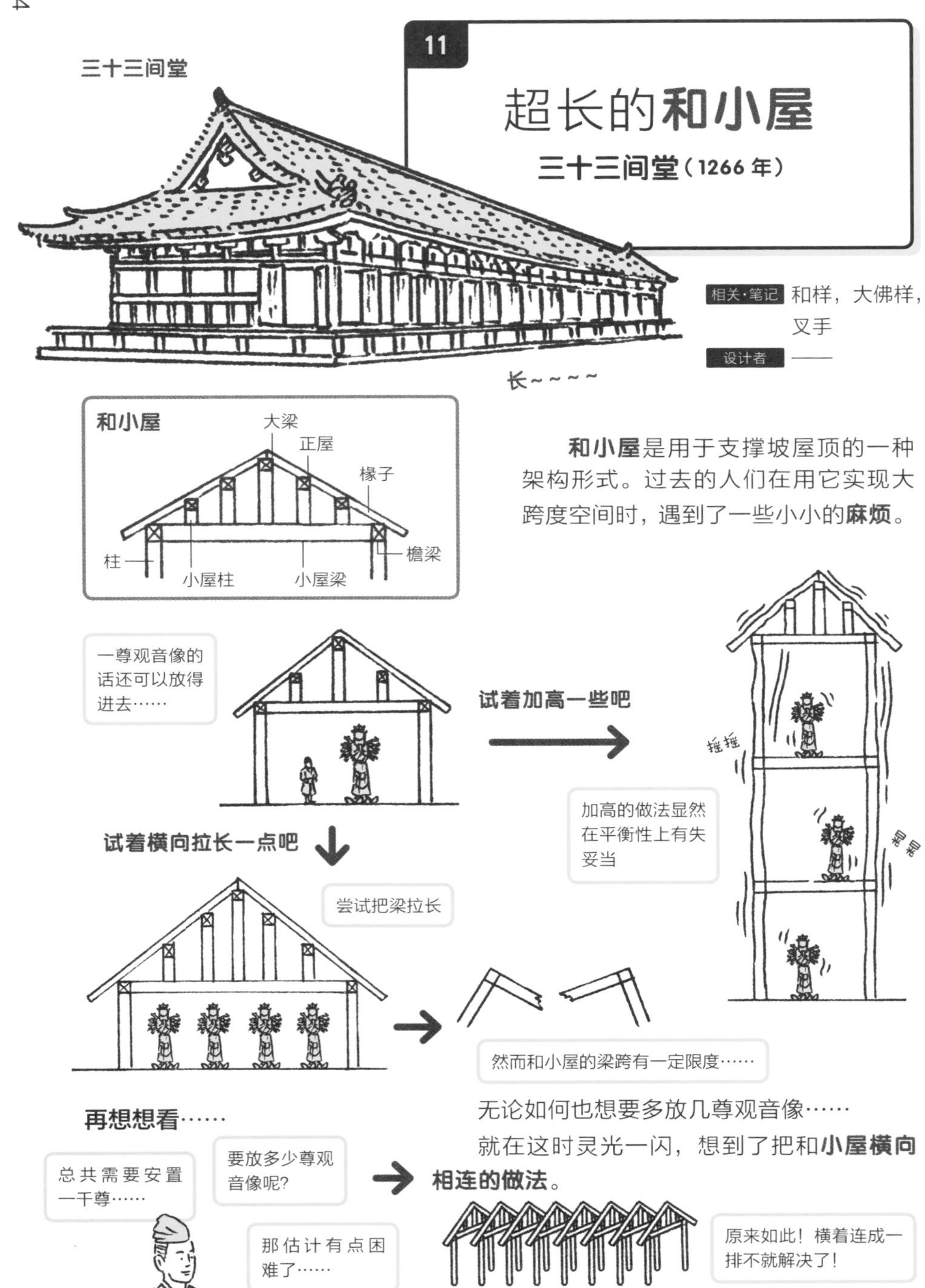

无论如何也想要多放几尊观音像……

就在这时灵光一闪，想到了把和**小屋横向相连的做法**。

和小屋绵延相连
形成令人惊叹的巨大空间

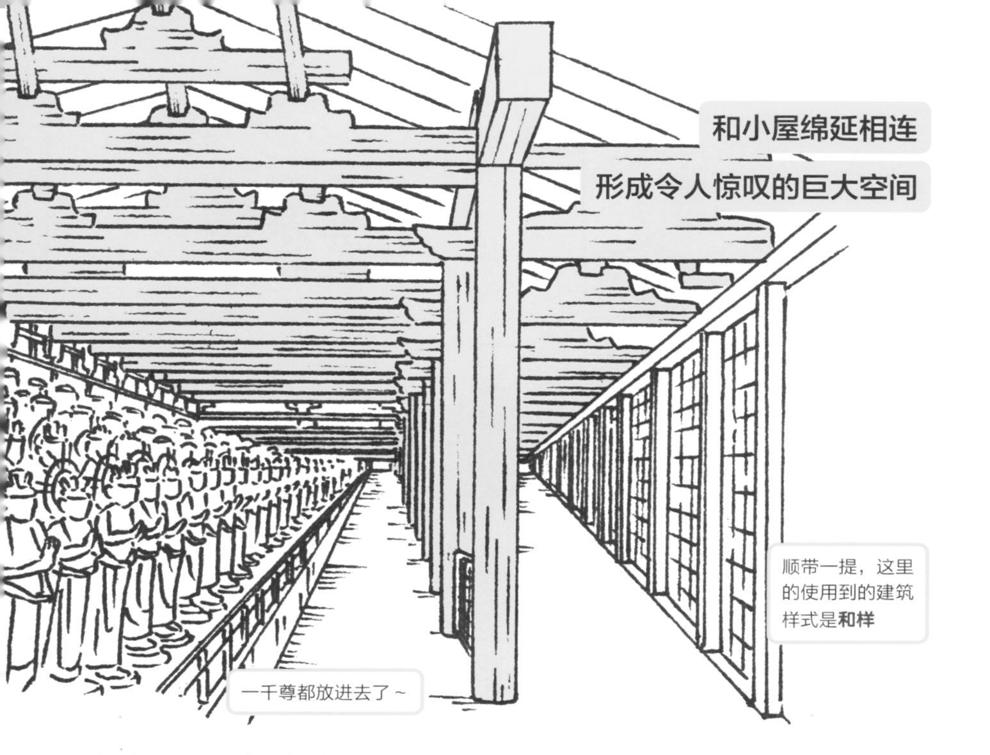

如此这般，**三十三间堂**成了由和**小屋连接而成的巨大空间**。不过，仔细一数就会发现，三十三间堂有三十五间和小屋。等等，这不是出错了吗？

并非如此。这里使用了古建筑中常见的**间面记法**㊀，名称中表示的是安置佛像的主体建筑部分（三十三间），而侧面的檐廊（二间）不算在内。

再次观察日本的佛寺，会发现横长的建筑不在少数

顺带一提，西方建筑则是纵高的偏多

即便是结构简单的和小屋，通过一个小点子也能摇身变为大空间的建筑。

在**三十三间堂**，人们会举行**远射活动**。建筑形式不仅满足了对内部空间的使用需求，同时满足了举办仪式性活动的需要，这是一个很有趣的例子。

远射活动

㊀ 间面记法，将四面的檐廊与建筑主体分开表记，使用“主体间数＋檐廊面数”表示建筑规模。

12 极尽奢华之能事的**禅宗样**

东福寺三门（1405 年）
圆觉寺舍利殿（室町中期）

确实十分华丽!

东福寺三门

相关·笔记 大佛样，长押

设计者 ——

前去寺庙参观时，时常会听到“这座建筑属于**禅宗样**”这样的说明。

此外还有和样，大佛样，新和样……种类繁多很容易混淆

确实如此，但只要掌握特征就可以轻而易举地判断出各种建筑样式。并且，只要清楚了样式，相关的宗派和时代变迁，以及关于建筑形态演变的故事，就会变得明朗起来!

在介绍样式区分的方法之前，先介绍一下日本建筑和海外建筑的巨大差异吧。

例如在西方，提到**哥特式建筑**的话，不仅仅是**教堂**，**住宅**和其他用途的建筑也包含在内。但在日本，并不存在所谓**禅宗样**的住宅。不仅如此，连神社和寺庙都各自有专属的样式。在日本，**用途和样式**是紧密关联的!

住宅

住宅也可以是哥特式

教堂的彩色玻璃

绘画和艺术也都是哥特式

不仅如此，哥特式这一概念囊括了包括绘画或雕刻在内的整个艺术界，但禅宗样绘画这一概念却并不存在。哥特式既有石造也有木造，禅宗样却仅限于**木造建筑**（到现今也出现了钢筋混凝土的形式，但仅仅是模仿木造建成）。也就是说，哥特是一种风格，但禅宗并非是指风格，“禅宗样”只是一种建筑样式。

著译者简介

著者

中山繁信

法政大学工学研究科建设工学硕士
曾任职于宫胁檀建筑研究室、工学院大学伊藤郑尔研究室
2000—2010 年 工学院大学建筑学科教授
现为 TESS 设计研究所主创建筑师

著书　「イタリアを描く」彰国社 2015
「美しい風景の中の住まい学」オーム社 2013
「スケッチ感でパースが描ける本」彰国社 2012　等众多书目

合著　「建筑用語図鑑日本篇」オーム社 2019
「建筑のスケール感」オーム社 2018
「矩計図で徹底的に学ぶ住宅設計 [RC 編]」オーム社 2016
「矩計図で徹底的に学ぶ住宅設計」オーム社 2015　等众多书目

杉本龙彦

工学院大学硕士
现为杉本龙彦建筑设计主创建筑师

合著　「建筑用話図鑑 日本篇」オーム社 2019
「建筑断熱リノベーション」学芸出版社 2017
「矩計図で徹底的に学ぶ住宅設計 [S 編]」オーム社 2017
「窓がわかる本：設計のアイデア 32」学芸出版社 2016
「矩計図で徹底的に学ぶ住宅設計 [RC 編]」オーム社 2016
「矩計図で徹底的に学ぶ住宅設計」オーム社 2015

长冲 充

东京艺术大学建筑专业硕士
曾任职于小川建筑工房、TESS 设计研究所
现为杉本龙彦建筑设计主创建筑师
都立品川职业训练学校客座讲师
会津大学短期大学部客座讲师
日本大学生产工学部客座讲师

著书　「見てすぐつくれる建筑模型の本」彰国社 2015

合著　「建筑用話図鑑 日本篇」オーム社 2019
「矩計図で徹底的に学ぶ住宅設計 [S 編]」オーム社 2017
「矩計図で徹底的に学ぶ住宅設計 [RC 編]」オーム社 2016
「矩計図で徹底的に学ぶ住宅設計」オーム社 2015
「階段がわかる本」彰国社 2012　等

芜木孝典

筑波大学艺术专业硕士
曾任职于テイク・ナイン设计研究所、(株)中央住宅 STURDY STYLE 等
现任职于(株)中央住宅户建分让设计本部
(一社)东京建筑士会环境委员会委员

合著　「建筑用話図鑑 日本篇」オーム社 2019
「矩計図で徹底的に学ぶ住宅設計 [S 編]」オーム社 2017
「矩計図で徹底的に学ぶ住宅設計 [RC 編]」オーム社 2016
「矩計図で徹底的に学ぶ住宅設計」オーム社 2015　等

伊藤茉莉子

日本大学生产工学部建筑工学专业毕业
2005—2014 年 谷内田章夫 /workshop (现 : Aerial)
2014—2019 年 KITI 一级建筑师事务所主创建筑师
现为 Camp Design inc. 合伙主创建筑师
会津大学短期大学部客座讲师
合著　「建筑用語図鑑日本篇」オーム社 2019
「設計者主婦が教える片づく収納のアイデア」エクスナレッジ 2018
「矩計図で徹底的に学ぶ住宅設計 [S 編]」オーム社 2017
「矩計図で徹底的に学ぶ住宅設計 [RC 編]」オーム社 2016
「矩計図で徹底的に学ぶ住宅設計」オーム社 2015　等

片冈菜苗子

日本大学大学院生产工学研究科建筑工学专业毕业
现任职于筱崎健一事务所
合著　「建筑用語図端 日本篇」オーム社 2019
「建筑のスケール感」オーム社 2018
「窓がわかる本 : 設計のアイデア 32」学芸出版社 2016

插画

越井 隆

东京造形大学设计科毕业
活跃于杂志、书籍、广告、线上等
曾与 SWATCH 合作
负责过 SHIPS, JOURNAL STANDARD relume 等品牌的圣诞节活动
同时负责《日本建筑图鉴》插画

装帧，本书设计：相马敬德（Rafters）

译者

堺工作室

全称株式会社堺アトリエ，创立于日本东京，开展设计、教育、出版、媒体、策展等多个领域的工作。

禅宗样的特征在于……
极尽奢华与繁复之能事！

这一样式诞生的契机是，**荣西**（1141-1215年。在平安时代末期到镰仓时代之间活动的僧侣。从南宋带回了禅宗）将禅宗传入日本。

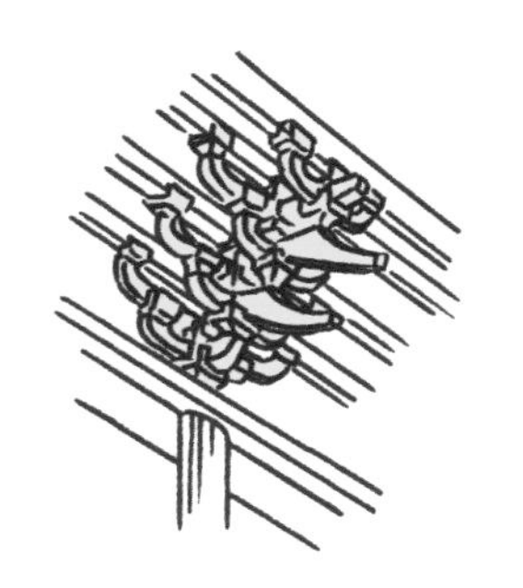

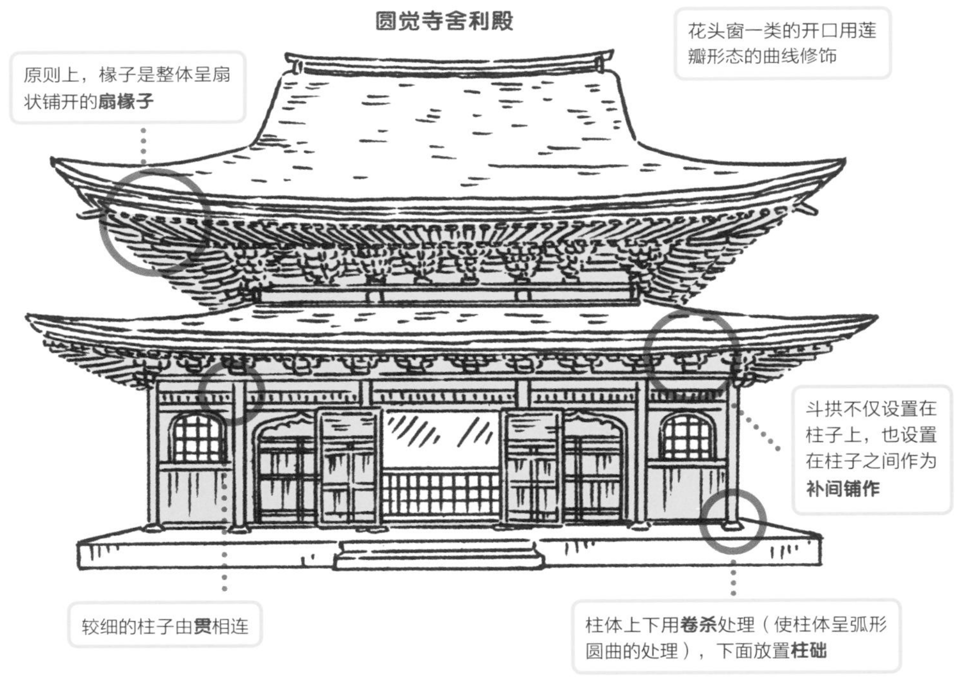

之前提到大佛样又称**天竺样**，禅宗样则别名**唐样**。天竺是指印度，唐则是指代中国，若从学术用语角度来看，这样的称法会让人以为是指这两国的建筑。为了避免这类误解，大佛样和禅宗样的称法在学术上成为主流。

禅宗样和大佛样类似，都使用**贯**进行结构加固，也都在细部施以**精雕细琢**。

大佛样在重源离世后迅速衰退，很快就不见了踪迹。禅宗样却不然，在幕府的庇护之下确立了稳定的基础，一直被推广到了全国。禅宗样也成为因掌权者所趋而兴盛的代表性例证之一。

近世

13 日本最初的四叠半[一]藏于银阁寺中

慈照寺东求堂（1485 年）

相关·笔记 书院造，同仁斋，足利义政

设计者 ——

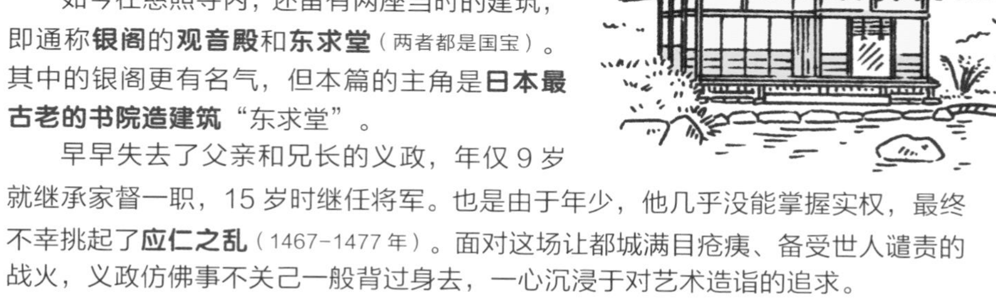

慈照寺（**银阁寺**）的修建者是室町幕府第 8 代将军**足利义政**（1436–1490 年），这座建筑作为其私人居住的山庄而建。

如今在慈照寺内，还留有两座当时的建筑，即通称**银阁**的**观音殿**和**东求堂**（两者都是国宝）。其中的银阁更有名气，但本篇的主角是**日本最古老的书院造建筑**“东求堂”。

早早失去了父亲和兄长的义政，年仅 9 岁就继承家督一职，15 岁时继任将军。也是由于年少，他几乎没能掌握实权，最终不幸挑起了**应仁之乱**（1467–1477 年）。面对这场让都城满目疮痍、备受世人谴责的战火，义政仿佛事不关己一般背过身去，一心沉浸于对艺术造诣的追求。

10 年后战火方息，义政退去将军一职，将此后的生涯倾注在慈照寺的修建之中。其中，**东求堂内的同仁斋**，作为**日本最初的四叠半空间**，有着极其重要的意义。

多宝格式橱架 付书院 六叠 同仁斋 佛坛 佛堂（铺设木板） 四叠 义政像
2960 3990 6920
990 3950 1980 6920

东求堂平面图

[一] 四叠半：表示日本建筑房间的面积，四个半榻榻米的面积。

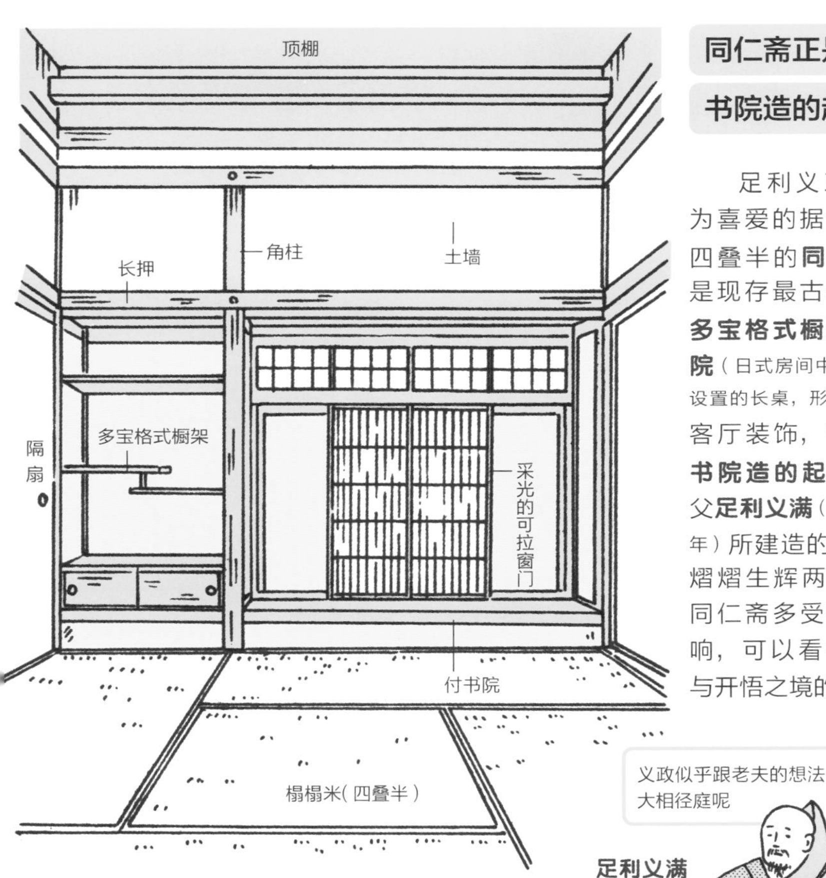

同仁斋正是书院造的起点！

足利义政当年最为喜爱的据说就是这四叠半的**同仁斋**。这是现存最古老的带有**多宝格式橱架**和**付书院**（日式房间中面对庭院所设置的长桌，形似飘窗）的客厅装饰，可以说是**书院造的起点**。与祖父**足利义满**（1358–1408年）所建造的**金阁寺**之熠熠生辉两相对照，同仁斋多受禅宗样影响，可以看作是宁静与开悟之境的象征。

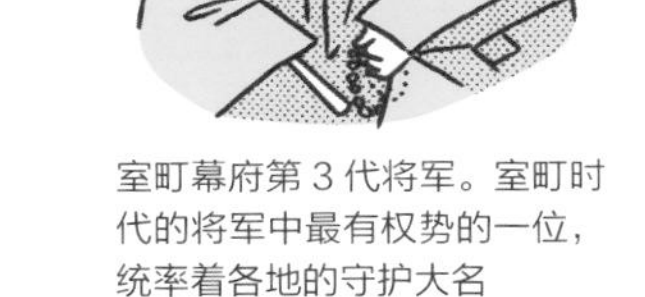

室町幕府第3代将军。室町时代的将军中最有权势的一位，统率着各地的守护大名

同仁斋源自“圣人一视而同仁”，即强调人与人间无差别。将这间小室用于招待志同道合的伙伴，共度时光而不拘泥于身份高低，这样的想法或许是义政人生最后的愿望了。

正是出于这种不区别**身份高低的精神**，诞生了名为“四叠半”的绝妙空间。在有限的空间中进行坦诚的交流。或许正是经历乱世的义政，才深知其重要性。而其中蕴含的美感，也一直传承至今。义政的理想之强烈，造诣之深，处处展露着**日本文化的原始样貌**。

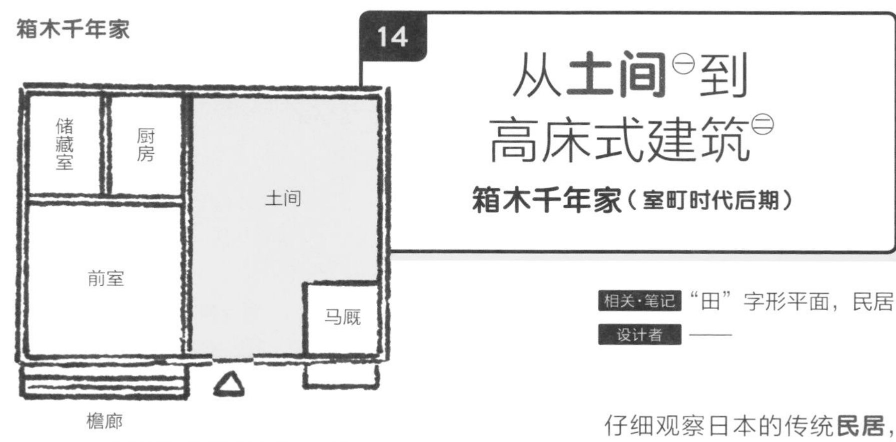

14 从土间㊀到高床式建筑㊁

箱木千年家（室町时代后期）

相关·笔记 “田”字形平面，民居

设计者 ——

仔细观察日本的传统**民居**，会发现建筑内部有一处叫作**土间**的空间。

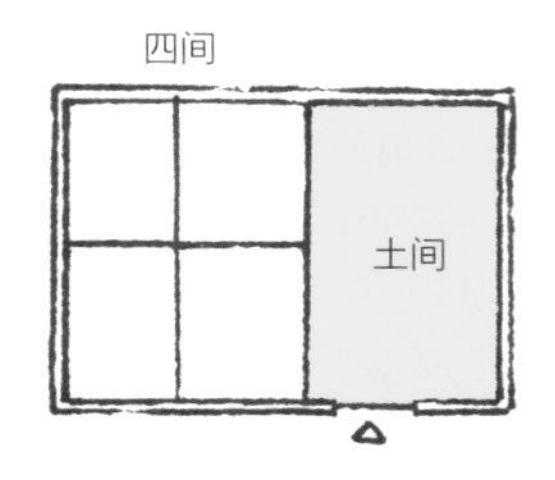

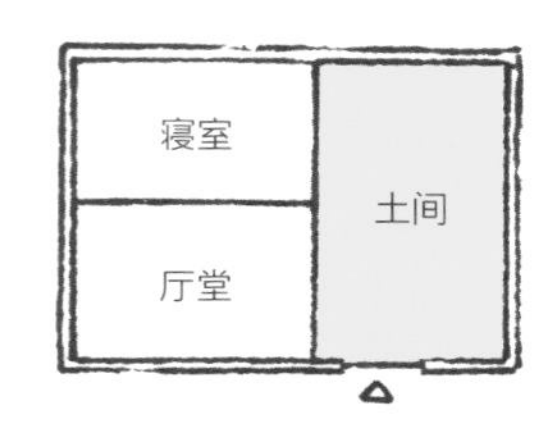

各地民居尽管形式不尽相同，土间却是不可或缺的一个要素。

㊀ 土间：家中没有铺设地板，地面为泥地的房间。

㊁ 高床式建筑：高地板式建筑。

过去的日本，人们在**土间**（在某些地区也称**土座**）上铺满谷糠后，再将草席整齐排列在表面作为地面，这样的居住方式也曾存在过一段时间。这也是土间向**地板**逐渐过渡的一个起点。

和日本一样气候炎热潮湿的泰国，民居中也曾见到同样的居住形式

过去的日本民居

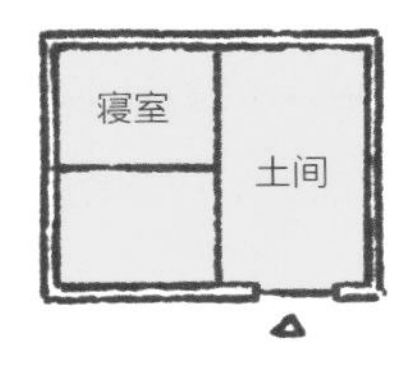

就寝处铺设草席

泰国民居

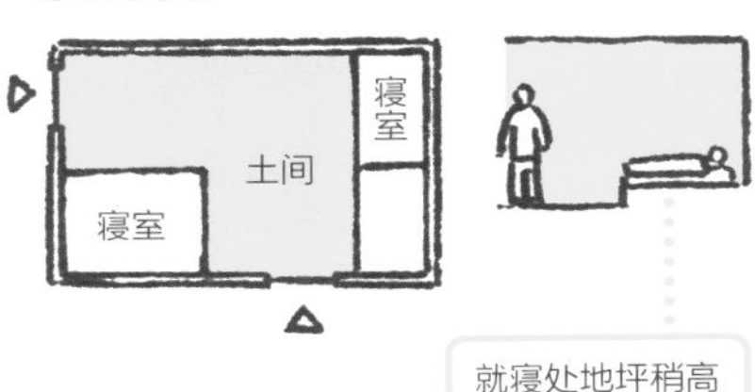

就寝处地坪稍高

在西方普遍使用床

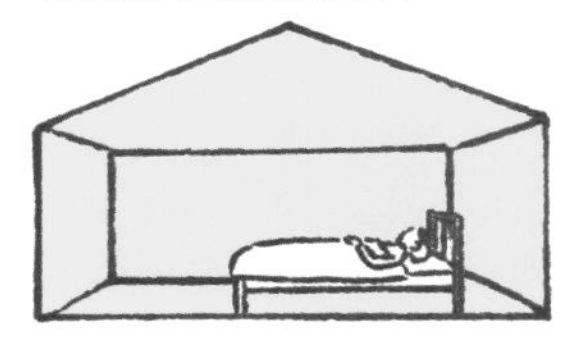

在欧洲其他一些国家，因为床的诞生免去了抬高地面的需要。此外，湿气较少也是一个重要因素

进入近代，土间的面积日渐缩小。这是因为在以城市为中心的地区，从事农业生产的范围逐渐收缩。但因为生活状态更为舒适，**不穿鞋的习惯**仍然保留至今。有意思的是，即便技术更新换代，材料不断革新，房间的布局却一直**没有太大改变**，在玄关也依然可以看到从土间进入居室的空间层次变化。

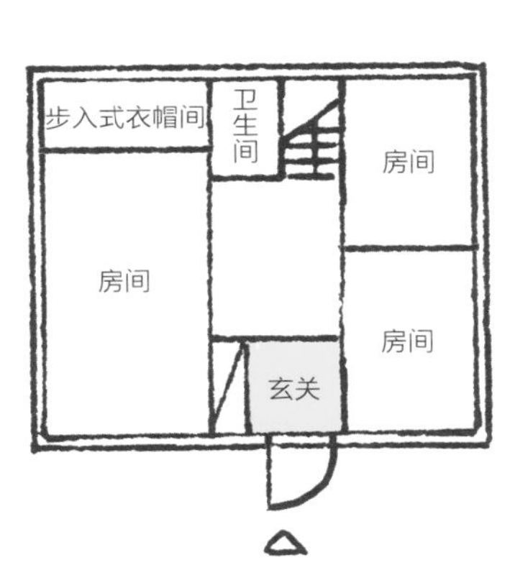

现代住宅

扩大不必脱鞋的区域以便于使用

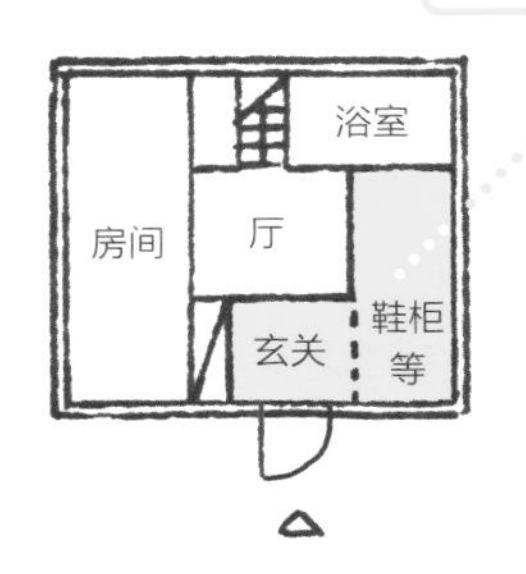

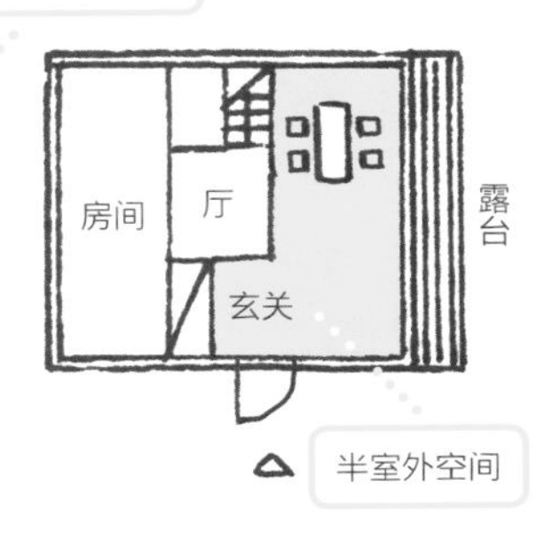

半室外空间

有趣的是，时间进入现代以后，**土间**作为建筑要素又重获了生机。换个角度来看，通过向居住空间中引入一部分**半室外空间**的方式，土间也为生活起居增添了一种特别的魅力。

15

于侘寂㊀空间中一窥日本美学之起点

妙喜庵（待庵）（1582年）

相关·笔记 茶室，侘寂，数寄屋

设计者 千利休

妙喜庵（待庵），是**千利休**（1522–1591年）作品之中唯一一间留存至今的茶室，被视为其名作。其最大的特征是面积仅有**两张榻榻米大小**的**极小空间**形态。为何利休会向往如此之小的空间呢？

被称为“**草庵茶之祖**”的**村田珠光**（1423–1502年）于室町时代后期登场，此后，茶室基本上采用**四叠半铺设**。村田珠光也舍弃了一直以来作为标准的六叠茶室，在**四叠半榻榻米**上追求茶道的新境界。他简化装饰，重视人与人之间的亲密交流，追求侘寂之道。继承珠光的**侘寂思想**并将其发展到极致的人物就是**千利休**。看**待庵的平面图**，可以想象其与四叠半大小的茶室相比，在布局上做出了相当大的取舍。

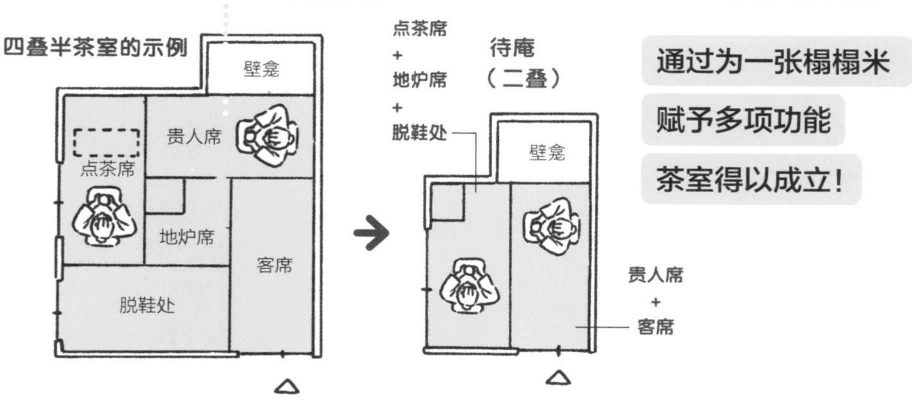

如此看来，从**四叠半到二叠是一个很大的飞跃！！**

即便如此，可以看到通过为每张榻榻米赋予多种功能，茶室作为待客空间的基本功能仍然被勉强维持下来。

㊀ 侘寂：日本美学意识的一个组成部分，即一种不刻意突出装饰和外表，强调事物质朴的内在，并能经历时间考验的本质之美。“草庵茶”，即是把这种美学与茶道相结合。

置身于极其有限的空间，一方面拉近了主客间的距离，另一方面，也为行茶事的用具和手法带来了诸多限制。正因如此，主人才能追求别出心裁的乐趣。将此乐趣视作**侘寂论**的真谛，并把它表现出来，这便是利休的宏愿。

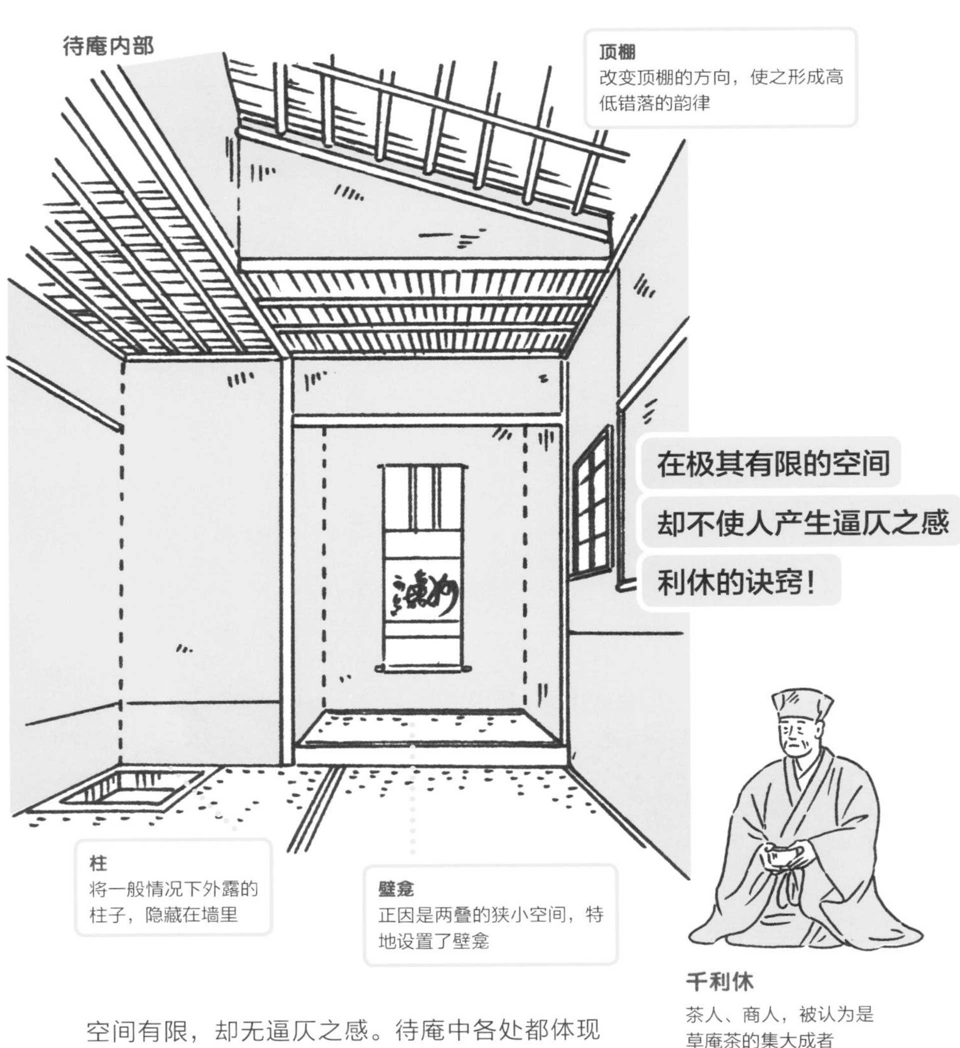

空间有限，却无逼仄之感。待庵中各处都体现出设计的巧妙。“**去除无用之物的美**”常被认为是日本美学的特征之一，而从利休的侘寂思想以及依这种思想而建的**待庵**之中，确实能够真切地体味到这一特征的源泉。

16

突然现身的城郭建筑

松本城（1600 前后）

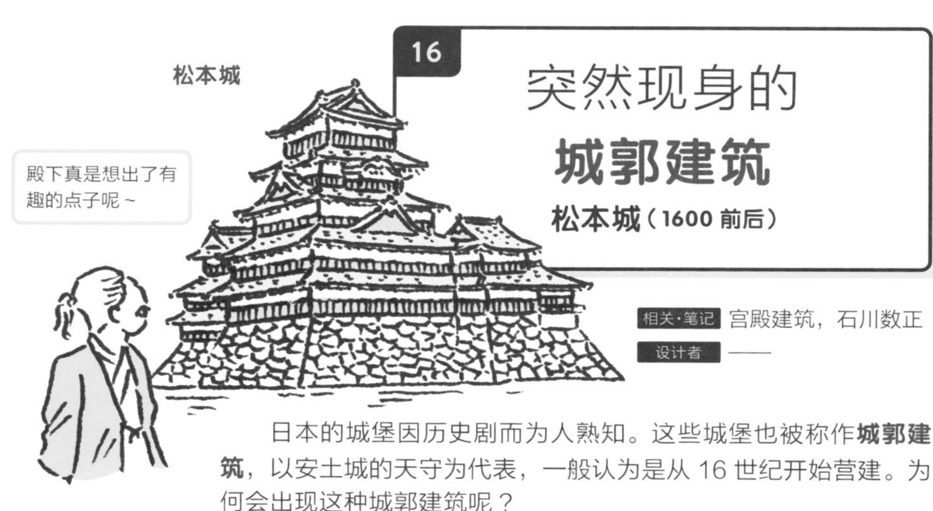

相关·笔记 宫殿建筑，石川数正

设计者 ——

日本的城堡因历史剧而为人熟知。这些城堡也被称作**城郭建筑**，以安土城的天守为代表，一般认为是从 16 世纪开始营建。为何会出现这种城郭建筑呢？

举例来说，寺庙（佛教寺院）是从中国传来的，民居则由竖穴式房屋演变而来。但是，从历史上看，城堡并没有前身。

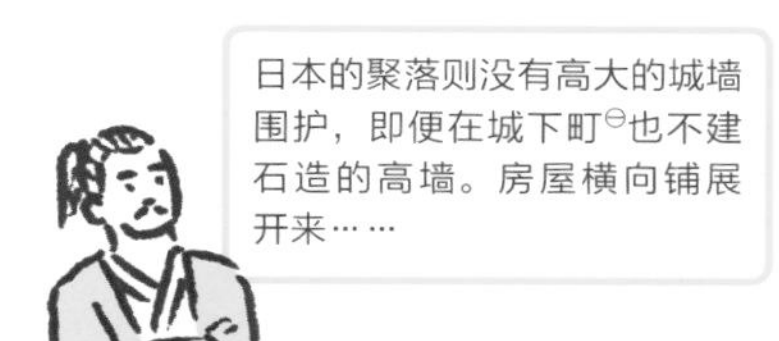

以桂离宫为例 沿横向一点点扩张

越想越感到不可思议！

㊀ 城下町：日本的一种城市建设形式，是以领主居住的城堡为核心而建的城市。

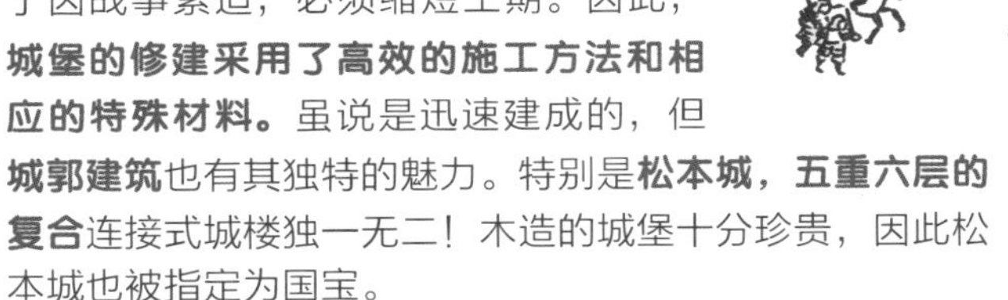

建造城堡与建造寺庙最大的不同在于因战事紧迫，必须缩短工期。因此，**城堡的修建采用了高效的施工方法和相应的特殊材料。**虽说是迅速建成的，但**城郭建筑**也有其独特的魅力。特别是**松本城，五重六层的复合**连接式城楼独一无二！木造的城堡十分珍贵，因此松本城也被指定为国宝。

松本城

从射击口瞄准敌军

落石槽
用于防御登城的敌人

天然石块直接堆砌而成的城垛，具有利于排水的优点

由于建立在柔软的地基之上，城垛内部设有日本铁杉制成的圆木桩！

各种各样的家纹见证了城堡的反复易主

坚固的柱子以高密度排列，形成庄严且富于魄力的空间

据说是在和平的江户时代初期建造起来的。明明是城堡却有着四面开敞的望月楼！

和平年代的建筑有向平面延展的倾向?

关原之战（战国时代）以前就建成，因此功能性强且对外封闭

松本城中很多空间的使用方法至今仍是谜。比如落石槽也被推测是为使用步枪而建。引人浮想联翩才有趣。

内涵如此丰富的城堡，它的诞生故事果然还是令人好奇。难道只是织田信长的灵光一闪吗？据说真正的答案可能藏在 16 世纪 40 年代的**南蛮贸易**（1543–1641年）之中。

西方国家自古就建设城堡，这种建筑方法通过贸易传入日本也并不奇怪。

只是日本以**木造**的形式，将其重新诠释。

西班牙塞哥维亚城堡

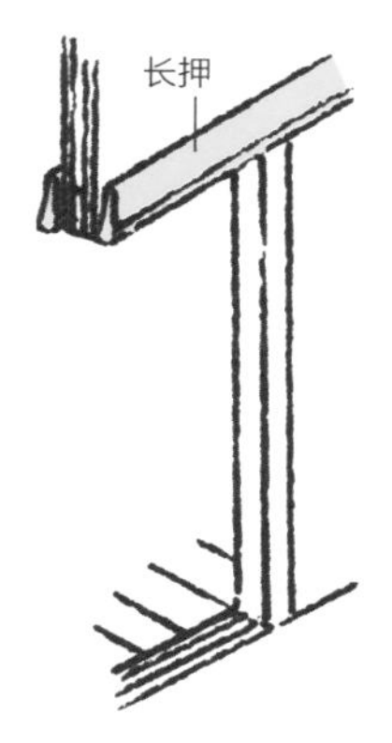

17

长押的时代沉浮

二条城二之丸御殿（1603 年）

相关·笔记 书院造，数寄屋

设计者 中井正清，正侣（首领）

各位是否对**长押**有所了解？

那么，就让我们把时间稍稍往回拨一些。

就在几十年前（明治至昭和年间），将**和室**修建得极其讲究一事，还代表着住宅主人的格调。长押则是体现格调的重要的构件之一，属于**装饰用品**，因此可以说是奢侈品的一种。

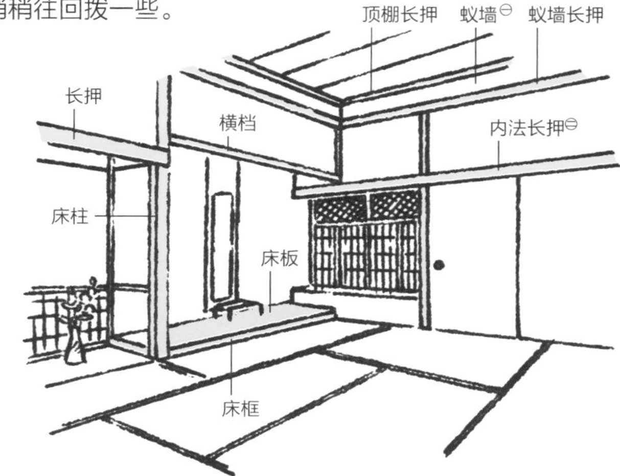

初具实力的江户商人逐渐开始脱离幕府的管制

大家全都开始建造有格调的和室，这也是因为**江户幕府**屡屡颁布的**禁奢令**效力在逐渐减弱。

那么，长押原本到底被用在怎样的建筑中呢？让我们来看看江户时代建造的**二条城**……

㊀ 蚁墙：是日本木造住宅建筑中设置于顶棚下的短墙。

㊁ 内法长押：位于门洞上方的“长押”。

二条城二之丸御殿

华美的设计一律禁止！

长押用于将军所在之处以展现权威

二条城二之丸御殿是**书院造**的建筑。德川为彰显其威严，禁止在其他建筑中使用长押、付书院、梳齿状雕刻、贴饰唐纸等。

长押在书院造中用作装饰，以体现空间的格调。现存最古老的书院造建筑**东求堂**（参照13），建于 1485 年。那么，更为古老的长押又是怎样的形态呢……不知道读者们还记得吗?

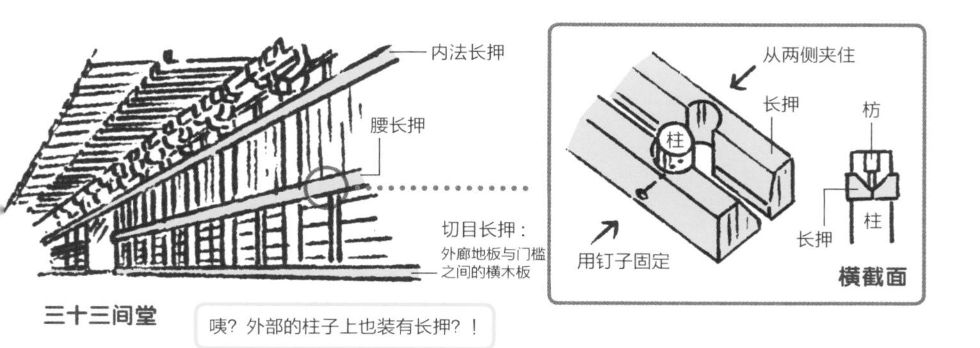

三十三间堂

咦？外部的柱子上也装有长押？！

没错！**长押**原本是一种**结构件**（参照10），据推测，是从寝殿造的时代开始使用在建筑中。

如今，形似长押的滑轨已经在生活中十分常见，完全成为便捷生活的小道具，作为装饰的存在感也薄弱了许多。随着时代的不同，长押的含义也一直在改变。不知道从今往后，它是否还会有重回辉煌时代的一天呢。

18

美得使人泫然欲泣的**数寄屋**

桂离宫（1615 年）

相关·笔记 茶室，八条宫智仁亲王

设计者 中井正清，正侣（栋梁）

数寄屋是怎样的建筑?

好像经常听说这个词，了解一部分，但还没有完全理解……

与和式住宅有什么不同?
和书院造又有什么区别?

可能许多人都留有这样的印象。那么，就让我们一同走近**数寄屋**诞生的历史。

满满当当!
密密麻麻!

唔，真令人精神紧张啊……

角柱、长押、壁龛和多宝格式橱架已经诞生了……

书院造注重礼节，其主要功能在于面对面的交流与待客。现存的书院造建筑中，规格尤其高的一座就是**二条城二之丸御殿**（参照 17）。

但就在此时，一位将固有形式推翻的人物出现了。

想拥有一个可以品味茶道的地方

美并不需要以金钱为支撑

是的，这就是**千利休**（参照 15）。经由他的设计，诞生了以待庵为代表的**茶室**！千利休敢于打破**书院造**的形式，在缺损中发现美的存在。

顺带一提，数寄屋的等级通常以真、行、草来划分！

待庵意味无穷

书院造的种种规则带来了诸多桎梏。相比之下，**数寄屋**选择使用**圆柱**和**曲木**，开口部的布局以及顶棚、墙壁、地板等各部分的组合获得了**极大程度的自由**。

比起书院更能够展现个性，似乎很有意思……

了不起！
我也来模仿吧！

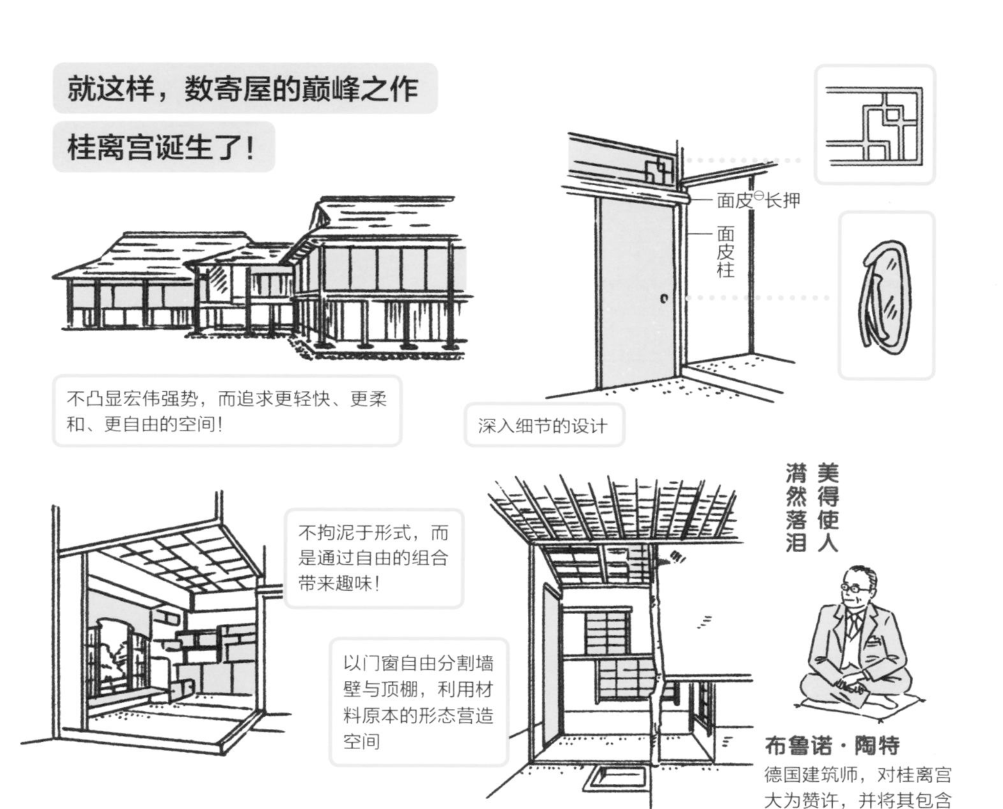

桂离宫是八条宫智仁亲王（1579–1629年。后阳成天皇之弟）的别墅。建筑并非是使用高昂的材料就能够出彩之物，于是木匠们争相比试技艺，更是为展现空间之深妙绞尽脑汁。营造出的丰富空间中，门窗上映照出的树木剪影，听闻到的声响，或是院中栽培的花卉，都使人联想到外部无限的广阔世界。这是智慧的结晶，本不是金钱能够换来的。

桂离宫作为数百年前诞生的数寄屋杰作闻名于世。以建筑师**布鲁诺·陶特**（1880–1938年）为首，许多人为其中体现的日本文化之感性所动容。数寄屋的本质中所蕴含的理念，即使在现代，也能让生活变得更加丰富多彩。

比方说这也是数寄屋的一种！

或许如此吧，但比例失调……并没有美感……

过于粗的柱子！

并不是使用高价的材料就可以尽善尽美

㊀ 面皮；将素色抛光圆木的四面加工削平后，四个圆角残留了圆木皮的状态称为面皮。

19 有乐围独一无二的创造性

如庵（1618 年）

相关·笔记 茶室，书院造，台目构，板入

设计者 织田有乐斋

织田有乐斋（1547–1621 年）是织田信长的胞弟，在信长死后的丰臣秀吉时代与德川家康时代也以微妙的立场生存下来，被誉为利休以后“最善营建茶室之茶人”。

织田有乐斋所做的**如庵**，是一处颠覆了茶室传统的佳作。接下来，就让我们来一同感受其中奥秘！

一般来说，茶室的面积大小以**榻榻米枚数**来计量，比如四叠半或六叠茶室等。

此外，也有一些做法以中柱和袖壁隔开**点茶席**，形成与茶室相接的附属形式。这种茶室类型被称为**台目构**，在描述面积大小时，往往会在叠数之后附加台目二字，**四叠台目**就是其中一种。

有乐斋所做的**如庵**，如果用这种方式计量的话……就属于**二叠半台目板入**。

等一下，**板入**㊀是指？

是的，这才是展现**有乐斋**前所未有之**独创性的关键词**！

㊀ 板入：在点茶席和与其平行的客席之间置入木板。

有乐斋认为，二叠半或一叠半的茶室是“对客人的折磨”，以“三叠半为佳”。他晚年的作品如庵也是在**二叠半**之外附加了**点茶席**。如果仅仅是这样，也就会归属为**二叠半台目**，但有乐斋还在壁龛旁添加了一块木板。这里的一块木板，使点茶席与客席间的活动流线更加顺畅，也能给以人视觉上的延伸。

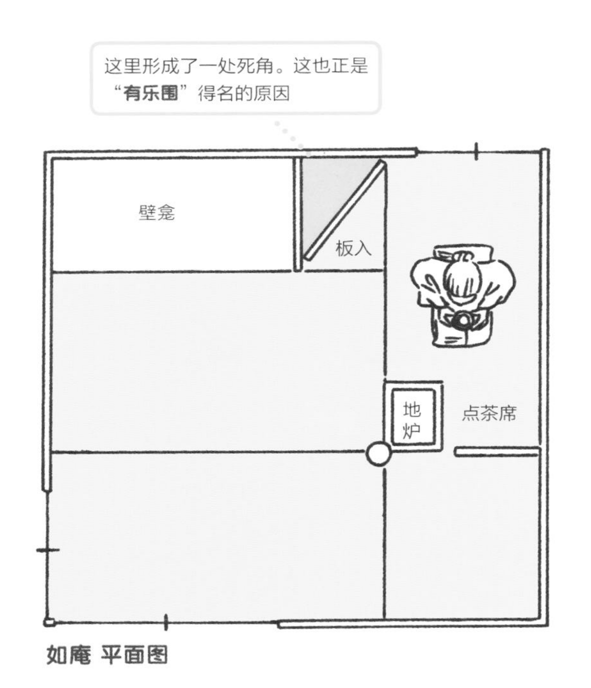

如庵 平面图

敢于创造死角的有乐斋，想法实为大胆

接着，有乐斋认为板入的大小“**仅需一半**”，于是把留下的一半以斜墙包围，这就是被称为“**有乐围**”的部位。

像这样故意制造死角的手法很容易让人感到浪费，但也正是有乐斋**自由表现与独创性的体现**。

其实，**有乐围**除了在如庵以外，**别处是见不到的**。**有乐斋**在每次创作时都会融入新的构思，是一位在茶室样式中不断挑战的茶人，有乐围也是其苦心探寻“茶室之本”的成果。这种不拘泥于成见的创造力，乍看之下似乎不可理喻，但也正是从“茶道以待客为本”的坚定思想为根基发展出来的。

织田有乐斋

武将，茶人。织田信长的弟弟。向千利休学习茶道，开创了有乐流

20 以台目构为基础书院造与茶室的融合

密庵席（1624 年）

相关·笔记 茶室，书院造，台目构

设计者 小堀远州

进入江户时代，**茶道**的影响力不断扩大，以此为背景，武士阶级提出了“在日常生活中享受茶道”的需求。对这一难题发起挑战的就是**小堀远州**（1579–1647 年）所做的**密庵席**。称之为难题的原因，是作为武士阶级住宅的**书院造**在某种程度上已成定式，如果将点茶用的地炉之类不假思索地置入其中，就很可能破坏书院造原有的含义。

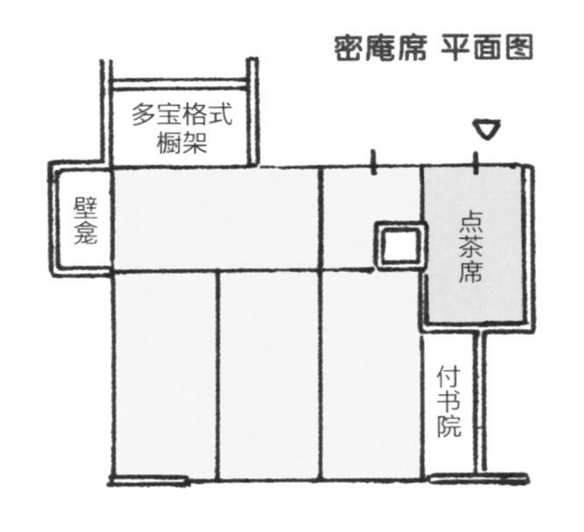

即便如此，如果主人不能在客人面前点茶，也不成为茶道。于是，远州选择把**点茶席**（**点茶用的空间**）作为附属空间与房间相邻接。这样做，就能够既维持书院造原本的气氛，也完成与**茶室**的空间**融合**！

点茶席与付书院合二为一！
这就是小堀远州将台目构融入书院的成果

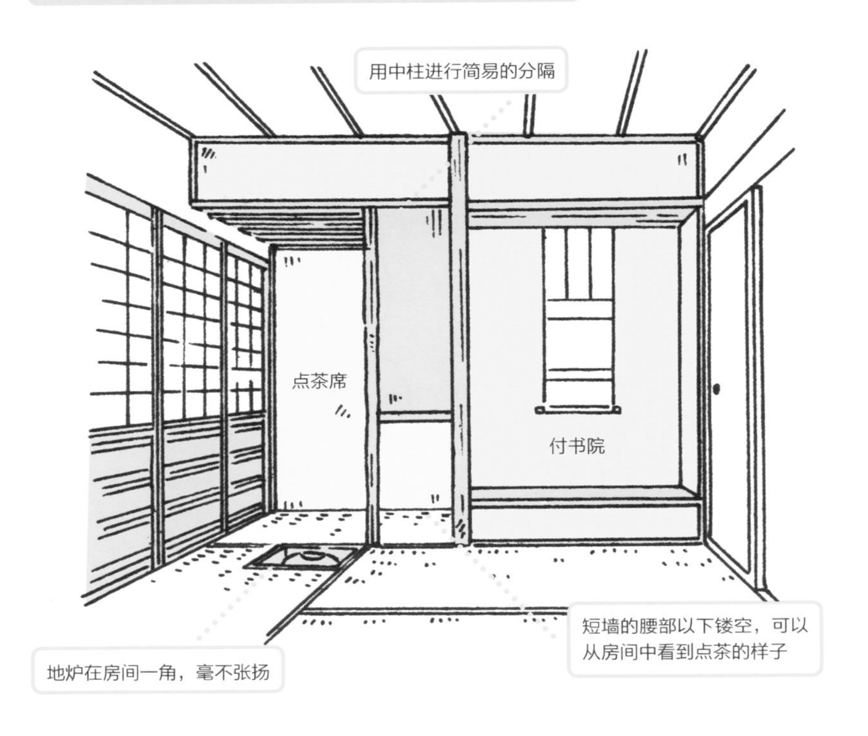

就像之前所介绍的，这种点茶席的形式被称为**台目构**，在小堀远州之前**千利休**的时代已经偶有前例（参照19），但还并不流行。由于**小堀远州将其引入书院造**，这类建筑的**可能性也被大大延伸了**。

21

从伽蓝布局中解读东照宫

日光东照宫（1636年）

相关·笔记 日光山，轴线，德川家康

设计者 甲良宗广（栋梁）

日光东照宫（阳明门）

日光东照宫是祭祀德川家康（1543-1616年）的神社，依照家康本人的遗言修建。他的遗言是这样的：“遗体就埋葬在骏河国的久能山……一周年忌后，去下野的日光山建一座小堂，迎我为神灵。”那么，家康为何会留下这样的遗言呢？

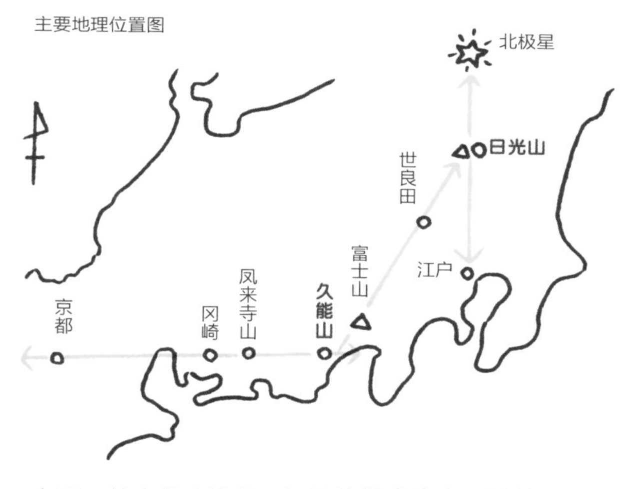

家康所愿，不仅仅是德川政权的持续，更是幕府的安定与日本的和平。为了避免再次回到乱世他使尽了浑身解数，“被祭为神灵以守护国家”据说就是他的最后一步棋。

家康死后，按照嘱托首先被埋葬在久能山。**久能山**的墓葬（神庙）面朝西方，沿着北纬34° 57′ 的同一纬度一路向西，就会依次途径三河国的**凤来寺山**和**冈崎**，最后到达京都。冈崎是**家康的出生地**，凤来寺山则是家康**母亲祈求赐子**的所在，这些地点都**与家康有着极深的渊源**。

正对**东西方向的轴线**又与春秋分时日出、日落的方向相重叠，自古以来就被赋予诸多含义。而家康的意图可以理解为，通过埋葬在与出生地相同的纬度上，如太阳一般实现新生与死灭的循环，从而完成作为神明的重生。

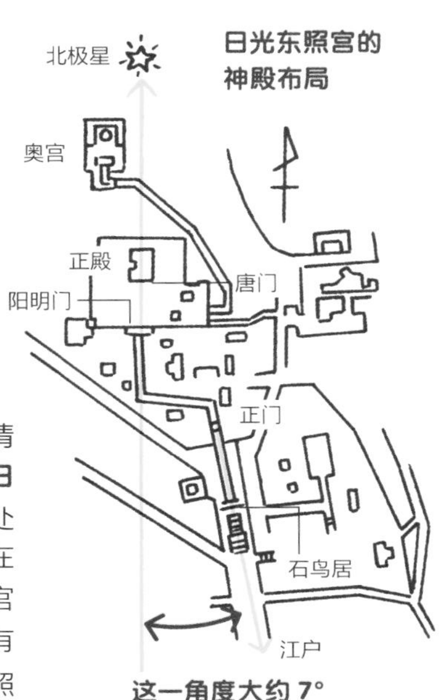

一年后，**日光东照宫**建成，家康作为神灵被请至此处。日光（地名）几乎在**江户的正北**，通过将**日光东照宫**布置在**北极星的这条轴线**上，江户得以处在“掌管宇宙之神灵”的守护之下。说“几乎”在正北，是因为江户处在东经 139° 45′，日光东照宫则在东经 139° 36′，相差的 9′ 换算为角度大约有 **7°**。这一微小的偏差，也被充分考虑进了日光东照宫的神殿布局之中！

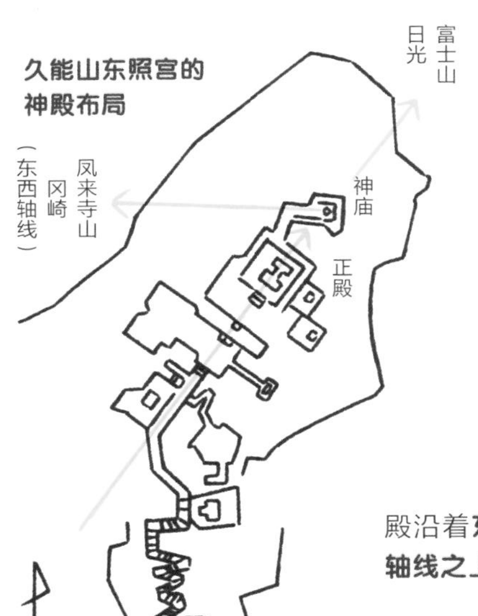

日光东照宫的主要建筑**阳明门**、**唐门**和**正殿**（1636 年）修建在正北轴线上，坐北朝南；从**正门**经过石鸟居南下的参道，则自正南向东偏转了**大约 7°**，直面**江户**。

另外值得注意的是，**富士山**也位于**久能山**和**日光**形成的轴线上。久能山与日光虽不能遥遥相望，却可以通过眺望富士山来确认彼此在同一轴线上。在**久能山东照宫**（1617 年）可以看到，人们有意识地使神殿沿着**东北偏北排布**，恰好**在连接富士山与日光的轴线之上**。

如此看来，家康似乎是真心祈愿往后的国泰民安，于是不惜驱使一切已知的**宇宙论**也要将其实现。此后德川幕府长达 150 年的安定政权，或许正是被家康的执着念想所支撑也未可知。

22 为所有**开口处**赋予含义

曼殊院八窗轩（1656 年）

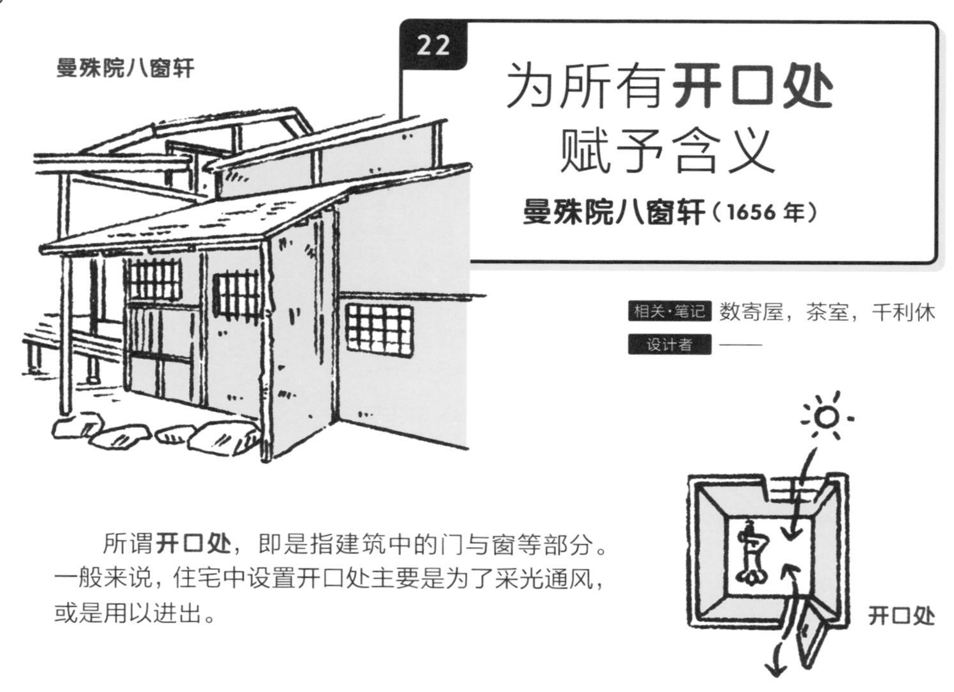

相关·笔记 数寄屋，茶室，千利休

设计者 ——

所谓**开口处**，即是指建筑中的门与窗等部分。一般来说，住宅中设置开口处主要是为了采光通风，或是用以进出。

然而，距今数百年前设置在某处空间的开口处，为这一装置本身赋予超出采光、通风、进出以外的含义。这件事的契机在于**茶道**。

所谓茶道，是以**千利休**为大成的思想，即“根据点茶的仪礼来修养精神”。江户时代，设计者开始考虑通过开口处的巧妙安排，营造与茶道精神相符的空间氛围与内涵。

其中，**曼殊院八窗轩**便是尤以其开口处为特征的一座茶室。

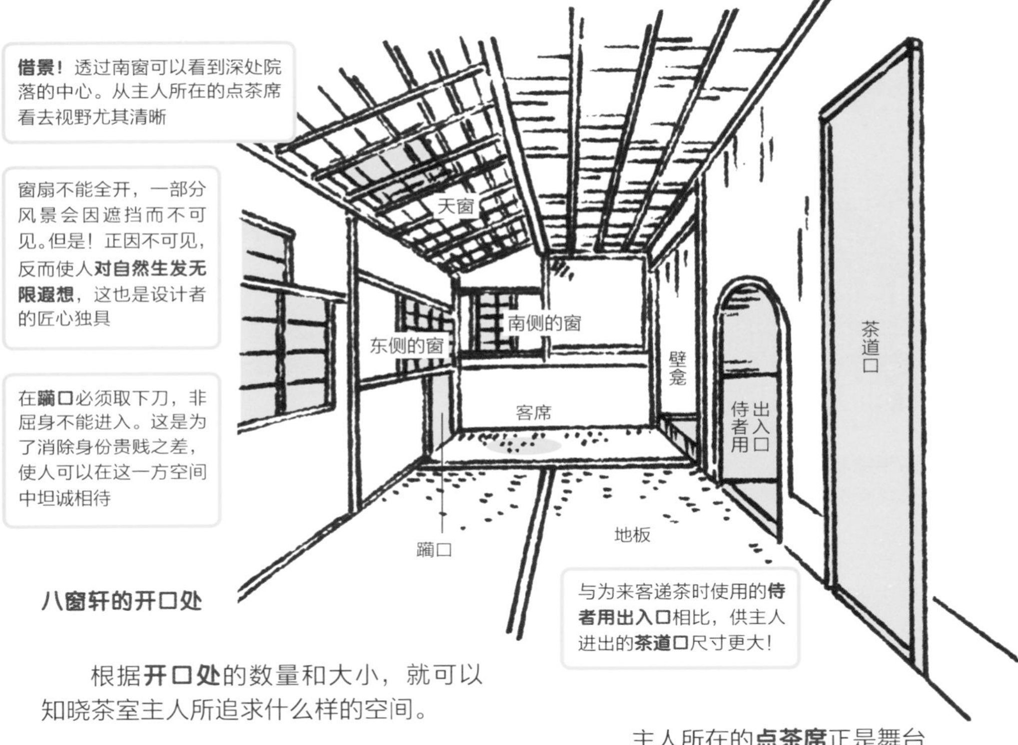

八窗轩的开口处

根据**开口处**的数量和大小，就可以知晓茶室主人所追求什么样的空间。

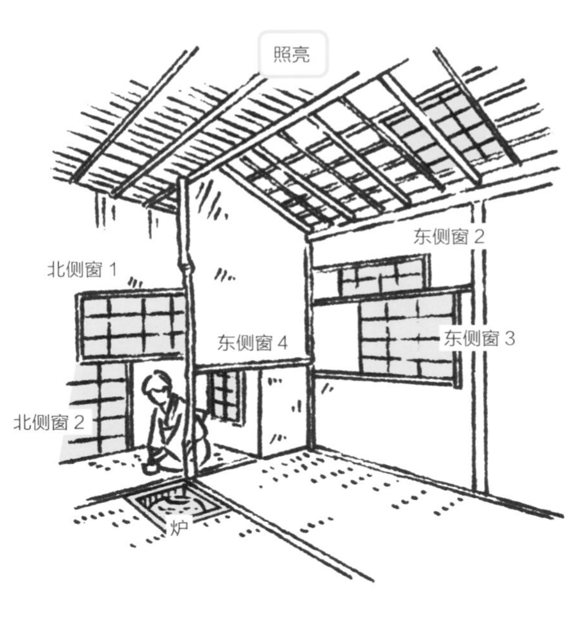

主人所在的**点茶席**正是舞台的中心！从一切开口处引进的光线，恰好将主人点茶的行为照亮。特别是东侧的窗户能展现出微妙的景色，仔细端详时，窗扇上隐约可见浅淡的粉与柔和的绿。这窗也被称作**虹窗**。

随着四季时节流转，透入的光线与外部的自然也不断发生变化。在这座茶室中，绝不会呈现两次完全相同的空间体验。可以说，这是一处由日本人细腻的感性所塑造的空间。借景、开口处的平衡之美……即便是现代的住所，如果可以借用**茶室**中开口处的智慧，也就会使人进一步感受到**开口处**的妙趣了。

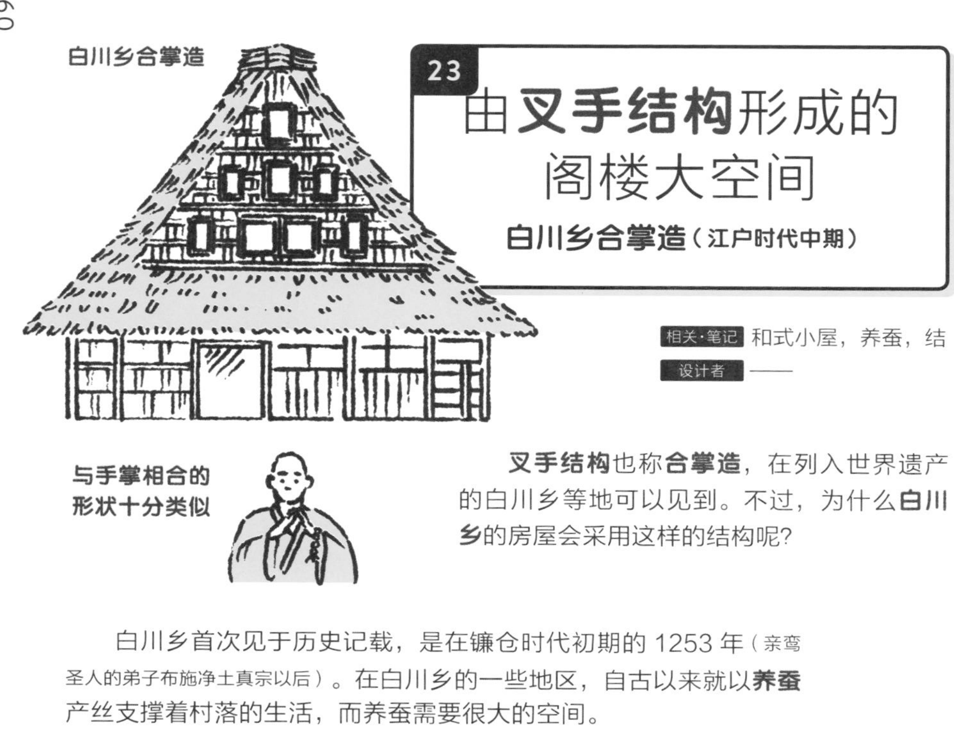

23

由**叉手结构**形成的阁楼大空间

白川乡合掌造（江户时代中期）

相关·笔记 和式小屋，养蚕，结

设计者 ——

与手掌相合的形状十分类似

叉手结构也称**合掌造**，在列入世界遗产的白川乡等地可以见到。不过，为什么**白川乡**的房屋会采用这样的结构呢？

白川乡首次见于历史记载，是在镰仓时代初期的1253年（亲鸾圣人的弟子布施净土真宗以后）。在白川乡的一些地区，自古以来就以**养蚕**产丝支撑着村落的生活，而养蚕需要很大的空间。

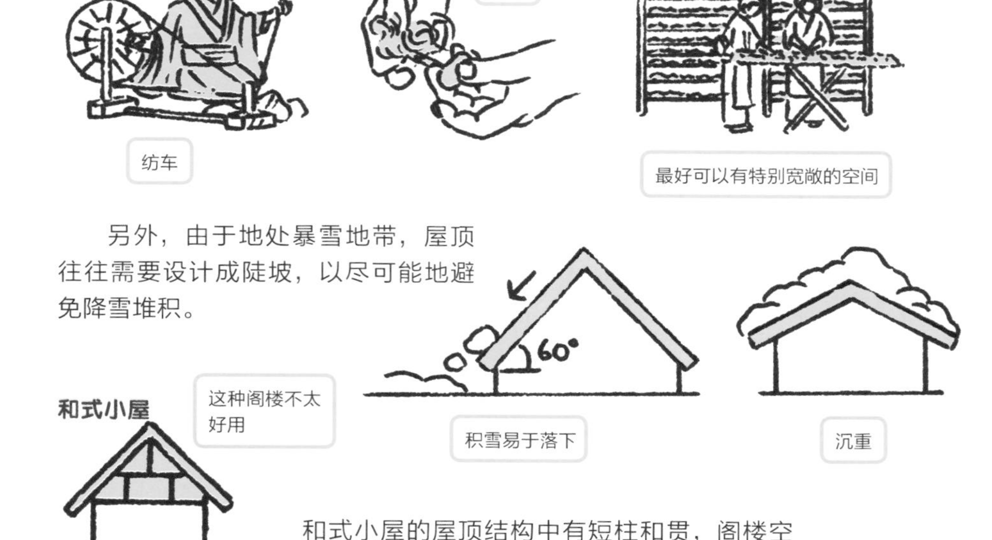

另外，由于地处暴雪地带，屋顶往往需要设计成陡坡，以尽可能地避免降雪堆积。

和式小屋的屋顶结构中有短柱和贯，阁楼空间很难充分利用，因此在这里没有被采用。

在这样的背景之下，使用叉手结构的阁楼大空间诞生了！

使建筑结构坚固且耐用的智慧，浓缩于一座屋顶之中。

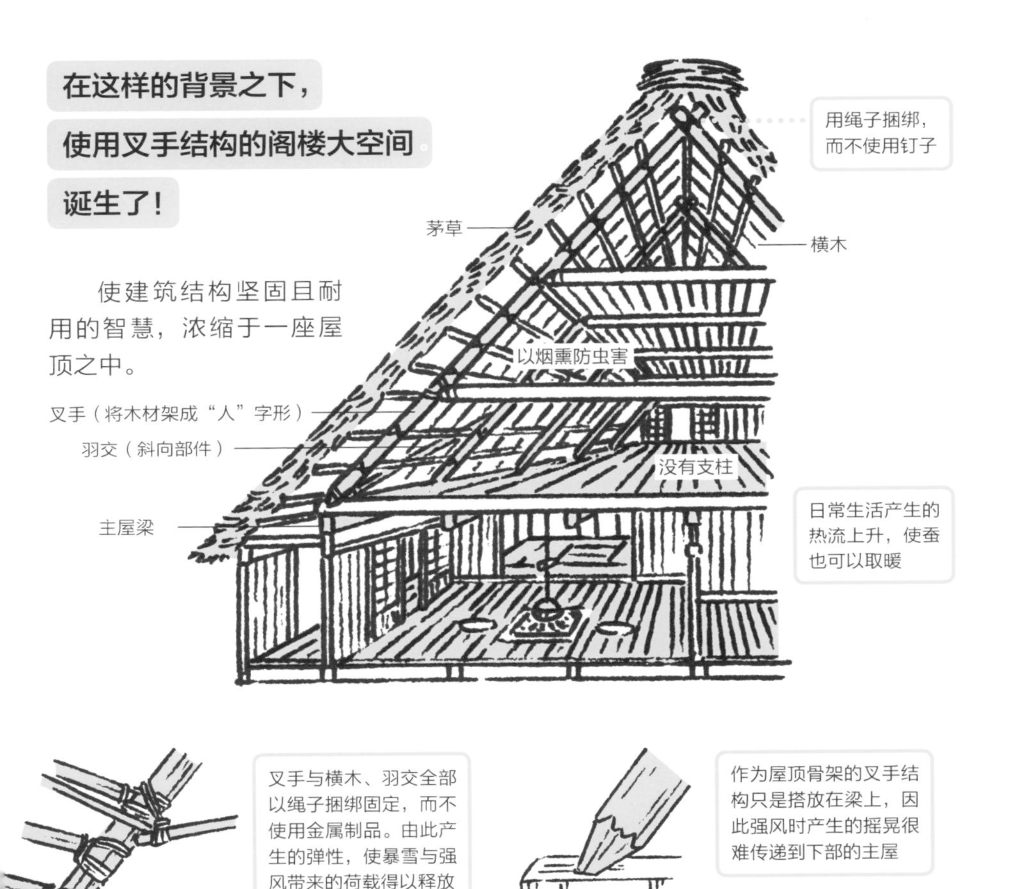

要建造如此大规模的建筑，村民间的团结一致必不可少，这样的一处社区集合体被称为“**结**”。

茅草屋顶的每次更换都以“结”为基础

像这样，**白川乡**的**叉手结构**诞生于诸多必然之中。连绵的屋顶与环抱的群山相呼应，形成了绝美的风景。有着支撑村里人生产生活之“实用”，保证了构造体之“坚固”，再加上与自然交融之“美观”，白川乡可以说是值得向世界夸耀的一处宝藏。

24

成为国宝的**寺子屋**

旧闲谷学校（1701 年）

相关·笔记 学校建筑，池田光政

设计者 津田永忠

在为平民设立的学校之中，江户时代前期建造的**旧闲谷学校**（讲堂）是**日本现存最古老的一座**，也是唯一被奉为国宝的学校建筑。

冈山藩的初代藩主**池田光政**（1609–1682 年。备前冈山藩初代藩主）热心于**儒学**。他不仅关心武士阶级子弟的教育，还在藩内设置了 100 所以上的**寺子屋**（私塾）作为平民学校。旧闲谷学校也是其中之一，和当时其他的寺子屋相似，是一座顶着茅草屋顶的朴素建筑。

池田光政引退以后，随着藩内财政形势逐渐严峻，寺子屋也陆续被关闭，但闲谷学校却是唯一一处得以留存的。这也是因为池田有遗言，“希望闲谷不至于荒废到后世”。冈山藩士**津田永忠**（1640–1707 年）继承池田之夙愿，在这里建造了雄伟且坚固的讲堂，意图将这一念想化为现实。

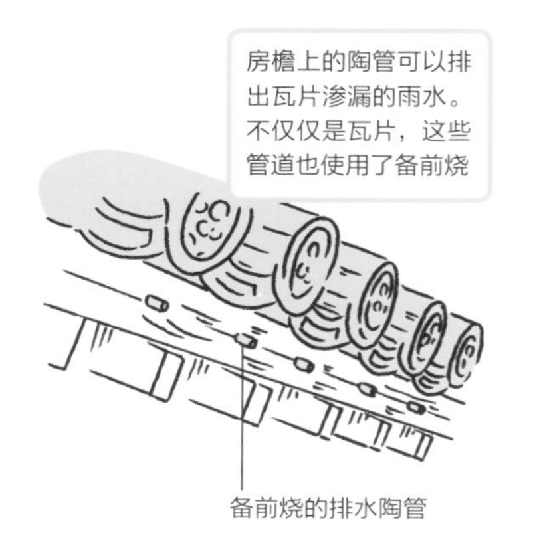

此时津田永忠注意到了当地特有的产物——用在器皿和饰物中的**备前烧**。高温下烧制的备前烧耐久性极高，即使不上釉也几乎不吸收水分。

闲谷学校的屋顶上，约 23000 片瓦片一直沿用至今却几乎没有破损，还保持着**当年的模样**。与一般瓦片 60 年前后的寿命相比较，可见备前烧瓦片的耐用性是多么优越。

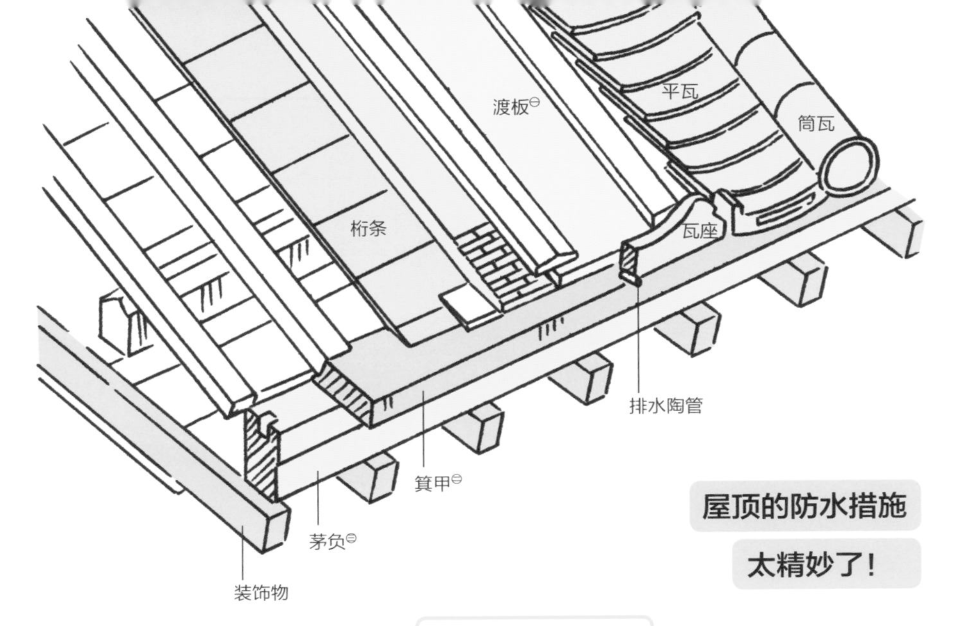

现在普遍用于木造建筑的“空气层”构思，津田永忠在300年前就想到了！

备前烧的瓦片还不是旧闲谷学校屋顶的全部奥秘。为了防止木材腐蚀，采用了**划时代的防水措施**。

通常的屋顶会在屋面板上重叠多片**薄板**以防止漏水，但在旧闲谷学校，薄板之上还设置了被称为“**渡板**”的坚实木板，接缝处通过涂漆密封，**雨水几乎不会渗入**下层。

此外，一般建筑在铺设屋顶时，为了瓦片的稳定性通常会先铺设**土层**，这里却**完全不使用**。这是因为土壤容易吸收水分，而湿气则可能导致木材受潮变质。这里以**木材**替代，作为瓦片的**底座**。

此外，为避免瓦片渗漏的雨水在递板堆积，房檐处还设置了**备前烧的排水陶管**（见P62），以便顺利将雨水排出。

就这样，**讲堂**于1701年竣工，在此后的300多年间被完整保存下来，池田光政的伟愿也得以持续至今。

在1682年池田死后对闲谷学校进行了修整，改建教堂和讲堂、重设石墙与大门等

㊀ 渡板：横跨其他部件架设的木板。

㊁ 箕甲：在歇山屋顶上，形成破风曲面的部分。

㊂ 茅负：与椽子的正上方正交，构成屋檐的部件之一。

25 使境界变得朦胧变幻自如的**门扇**

掬月亭（1745 年）

相关·笔记 开口处，陈设

设计者 ——

浮于池水之上的**掬月亭**在大名庭园“栗林公园”深处，建造时使用了四个方向都可以看作是正面的**四方正面造的建造方式**。它在外围有檐廊环绕，可以朝三个方向敞开，凝聚着传统日本建筑内外分界朦胧之特征，是一处不可多得的名作。

使大开口得以实现的木框架结构

传统的西方建筑大多是以砖石砌筑的砖墙结构。与之相对，传统的日本建筑则是由柱梁构成的木框架结构，因此柱子与梁架之外的部位都可以敞开。

能够享受风景变幻的开放空间

由于柱与柱间完全开放，即便身在室内也可以欣赏庭园美景。**开口处**设置**门扇**，打开时空间明亮通透，关上则可以遮光挡风。

使可变空间成为现实的各种门窗

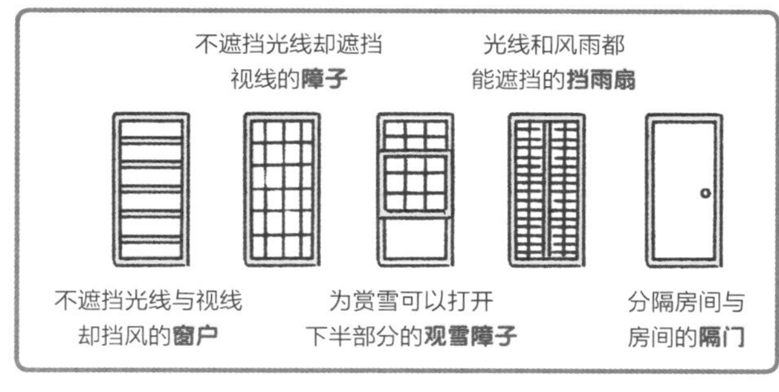

挡雨扇结构

传统建筑在开口处设置的**门窗**实为多样，且都可以简单地进行开合。因此，可以根据昼夜与四季流转，或是天气的细微变化，调整室内的状态。

掬月亭之名来自唐诗中一句“掬水月在手，弄花香满衣”，这一方空间也正是为**遥望池中明月而生**。

26 “田”字形布局中各个房间的作用

旧田中家住宅（江户时代后期）

旧田中家住宅

相关·笔记 民居，箱木千年家

设计者 ——

典型的小型民居。这个规模的建筑能保存到现在的可不多见

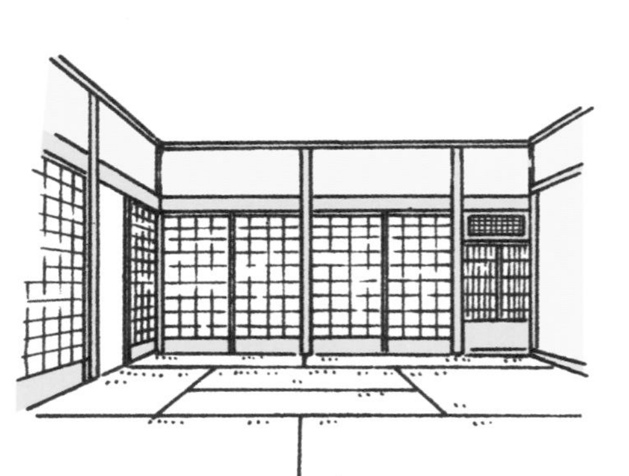

民居的平面布局虽然随地域不同有着各种各样的变化，但最具代表性的仍是一种被称为“**‘田’字形布局**”的形式。

其中，**旧田中家住宅**（现板桥区立乡土资料馆）在布局和规模上都被认为是**江户时代民居的典型代表**，面向入口设置宽敞的土间，内部共有 4 个房间。在这里要着重介绍的，是这些**房间的命名方法**。

那么，就让我们来一同了解一下各个房间的名称。规格最高的一间称为“**座敷**”，语义是“**过去曾铺地板、垫圆座用以起居**”。在特别的场合，这里会铺上座席以维持等级秩序。“**奥**”的词义是“**深入内里，与外部相远离的处所**”，在住宅中也就有着“与入口相距最远的地方”这一层含义。

从名称可以推断出各个房间的用途！

平面图与房间的古时名称（括号内是现在的称呼和中文释义）

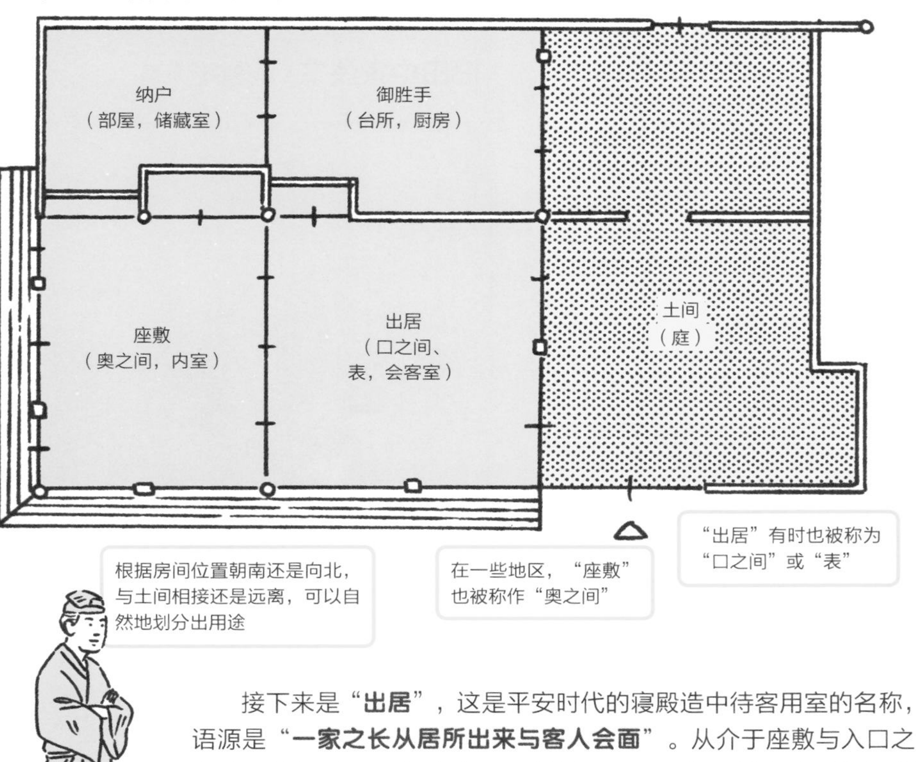

接下来是“**出居**”，这是平安时代的寝殿造中待客用室的名称，语源是“**一家之长从居所出来与客人会面**”。从介于座敷与入口之间的位置关系也可以看出，这所民居中，出居也是主要用于**接待来客**。

西北面的“**部屋**”也即“**储藏室**”。这一词汇原本是指收纳纸门隔扇的空间。因为日本有随着季节更换隔扇的风俗习惯，所以这样的房间必不可少。这里除了门扇也同时收纳其他杂物用品，大部分情况下还作为**寝室**使用。“胜手”也称“台所”，“台”表示**食物**，因此这里主要被用于就餐，也作为和**家人共度时光的空间**使用。

这样看来，“**田**”**字形布局**虽然看似简单直白，但每个房间的特性也有着很大的不同。各个房间与入口间的距离以及相对应的陈设布置，都体现出在划分房间用途时，江户时代的人们对于空间特征的详尽把握。

近代

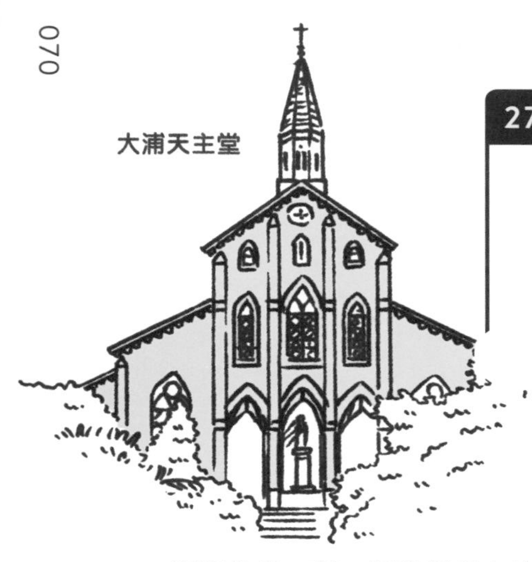

27

日本最古老的教堂采用了**哥特样式**

大浦天主堂（1865 年）

相关·笔记 罗马式，巴洛克，拟洋风建筑

设计者 吉拉鲁神父、珀蒂让神父

哥特式究竟是什么呢?

听到教堂一词，相信很多人的第一印象还是欧洲等地的石造教堂。例如德国的科隆大教堂，就使用了**哥特样式**。

科隆大教堂

哥特式一词主要用于形容建筑的形态特征，在建筑以外的其他艺术领域也被广泛使用。

哥特式建筑的特征

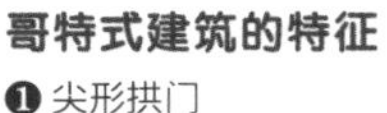

❶ 尖形拱门

❷ 交叉肋式拱顶

❸ 飞扶壁

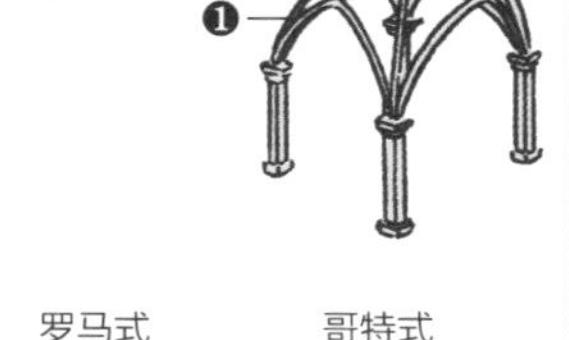

罗马式与哥特式的对比

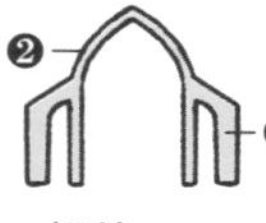

哥特式建筑与之前的**罗马式建筑**相比，更为注重高耸的尖塔与内部空间创造出的**纵向韵律**。厚重的岩石部分被窗替代，圣洁而神秘的光芒从高处倾泻而下！哥特式建筑以巴黎为中心，呈放射状传播开来。

1865 年，在日本也有一座**哥特式建筑**作为**教堂**被建造起来。这就是**大浦天主堂**（正式名称为日本二十六圣殉教者堂）。被委托的设计者是法国传教士**吉拉鲁神父**（1821–1867 年）。顺带一提，这座教堂是木造建筑。

圣礼拜堂

通过教堂的彩绘玻璃窗，不能识字的人也能够看懂教义内容！

然而大浦天主堂
最初是由各种各样的素材混合而成

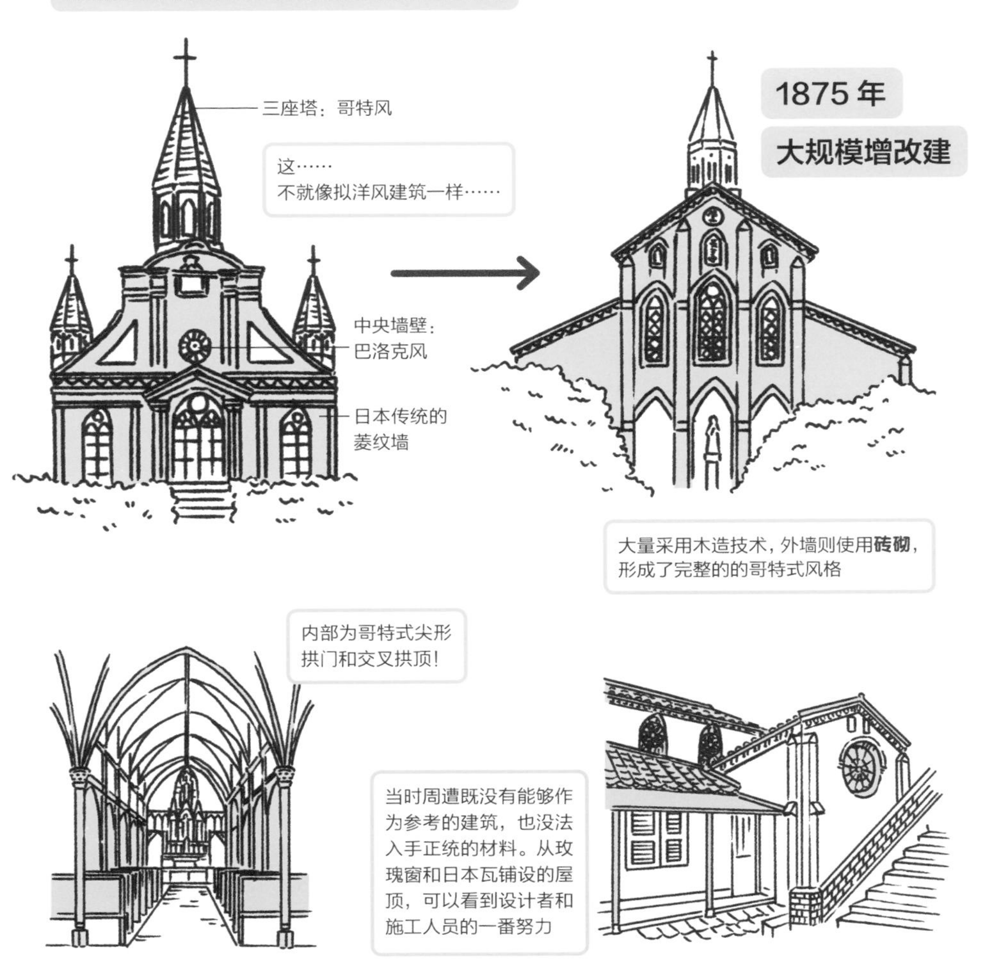

1875 年大修时，外墙改为**砖砌**，终于形成了完整的哥特样式。外墙表面被灰泥等覆盖，砖作为材料并没有露出表面，这也是为了模仿西方的**石造建筑**。

国家、材料与匠人的技术都不尽相同，因此建成与发源地完全一致的哥特式建筑并不现实，但通过一番仔细推敲，和教堂相适应的形态还是得到了实现。并且，如果纵览世界建筑就会发现，近代以前的建筑，越是饱含信仰，越是易于流传到后世。

富冈制丝厂

28

木构架砖瓦结构建筑成为世界遗产

富冈制丝厂（1872 年）

相关·笔记 拟洋风建筑，阳台

设计者 埃德蒙德 · 巴斯蒂安

使用**木构架砖瓦结构**建造的**富冈制丝场**，究竟为何诞生呢？

明治维新后实施开国政策的日本，当务之急是取得与海外诸国对等的话语权。而为了推进产业和科技的现代化，资金不可或缺。**生丝的出口**就是当时的资金来源之一。

原来如此！不过话说回来，为什么建造时使用了木构架砖瓦结构?

这是个好问题。其实，在木构架间砌筑砖墙并**不是日本自古就有的建造手法**。但如果观察西方的传统民居，就会发现许多类似的例子！

木构架砖瓦民居

由于设计者**巴斯蒂安**是一位法国人，他很可能是按西方建筑的设计思路设计了富冈制丝厂，只不过这座建筑还有一些未解的谜团。比如，西方的木骨架砖墙建筑中，不仅柱子的根数十分可观，**斜向的支撑材料**也不在少数，实在不像是有着整洁样貌的**富冈制丝厂**的来源。

而如果把视角转向法国的车站，就会发现那是一类外形清爽的**钢筋砖墙结构建筑**。

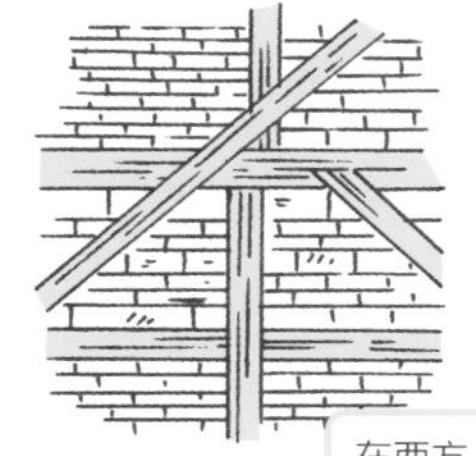
在西方，柱子和斜撑数量可观

使用钢筋砖墙结构的车站

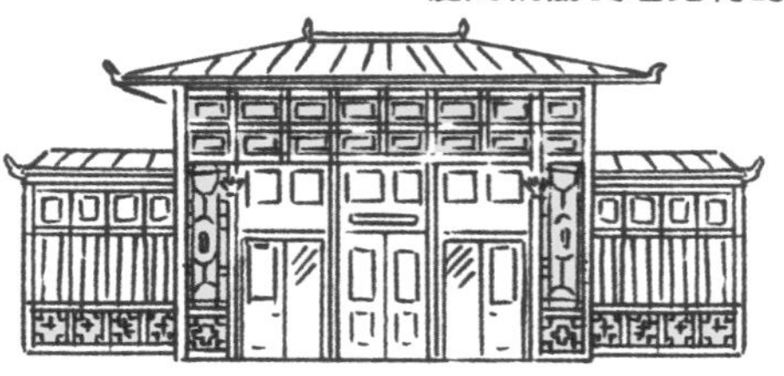

在这里，**西方的建筑和日本的传统木造技术融合起来了**！

诞生于明治初期的大变革时代

富冈制丝厂充满了独特的魅力！

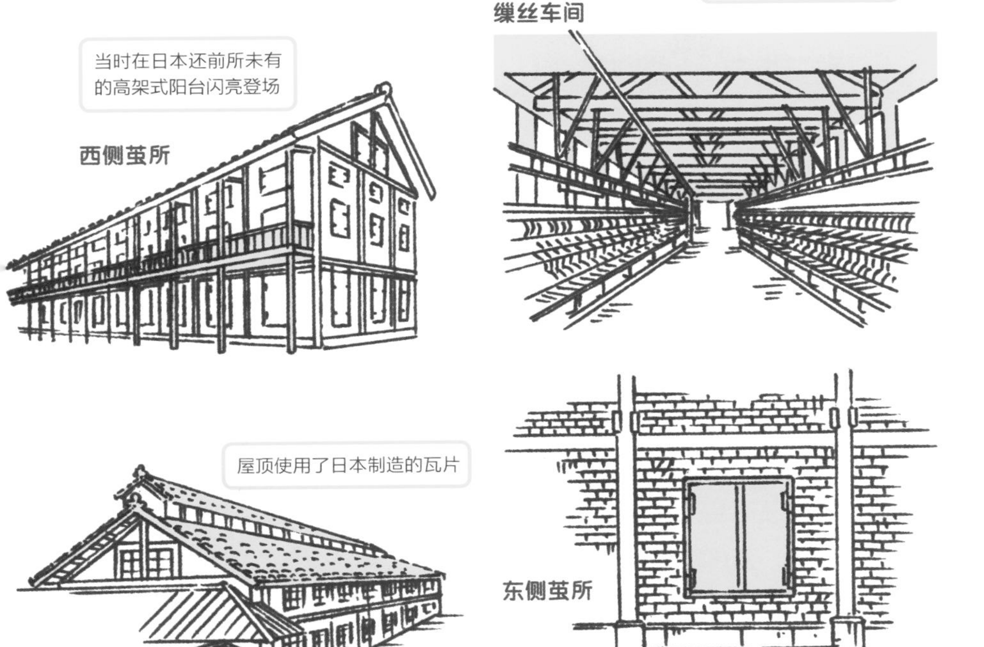

2014 年，**富冈制丝厂**被列入**世界遗产**名录。由于技术不断革新，类似的**工厂建筑**不断地被扩建和改建，但富冈制丝厂却仍旧保持着**建成当时的样貌**，十分罕见且珍贵。更难能可贵的是，它遵循着柱梁结构原理以及追求材料之美的**现代主义建筑**原理。

事实上，也有不少人认为，工厂建筑很难被列入世界遗产。尽管如此，以富冈市为中心的社会各界人士还是为这次申请付出了不少心血。在维护与修复的同时提高其文化价值，相信富冈制丝厂今后也会继续见证时光的流淌。

29 文明开化的象征 拟洋风建筑

旧开智学校（1873 年）

旧开智学校

相关·笔记 阳台，砖结构，洋楼

设计者 立石清重（栋梁）

大家的学校都是怎样的呢？大多数学校一定都是左下这样的形式吧。但是在江户时代，情况则大不相同。

我的学校是用混凝土做的！

现代的学校

此乃木造也。柱与梁不加修饰。墙壁抹灰，屋顶铺瓦！

江户时代的学校

在当时，大多数人都在寺子屋和藩校（参照 24）学习。那么，学校是何时开始发生变化的呢？

契机是明治 5 年（1872 年）**颁发的学制相关法令**！**明治政府**一心想要追赶**欧美列强**，因此作为基础教育的一环，**小学的建设与普及**成为当务之急。

自此，在建设包括小学在内的各类公共设施时，人们都希望其建筑风格能符合新时代的要求，**洋楼**的建设如火如荼地展开了。其中，特别是热衷于教育的长野县，为了建成日本首屈一指的小学校舍，特意将建设工作委托给了栋梁㊀**立石清重**（1829–1894 年）。

说是要建洋楼，但我没见过这类建筑啊……

活跃于江户末期与明治时代间的木匠栋梁

好像在东京和山梨有类似的建筑，就去观摩一下吧！

对于当时的人们来说，由于教育导致劳动人手减少，也有不少反对意见

㊀ 栋梁：日本木工匠人中担任统领工作的中心人物。

立石经历一番苦心钻研建成的小学，就是这座旧开智学校

看着挺别扭的……确定是这样吗?

明明是洋楼，却可以看到传统的唐破风㈠

好像是想做成科林斯柱式?

不知为何安置了天使

竟然有阳台！（当时阳台只在洋楼中采用）

校学智开

还使用了拱门

这里有日本式的拟宝珠㈡

出檐很浅

稍有那么一点

不知为何还有龙的形象

前所未有的纵长窗户。排列十分整齐

支柱形似多立克柱式

日本与西方两相混合的有趣建筑！这被称为**拟洋风建筑**。

利用墙角石模拟西洋建筑！但实际上只是在灰泥上涂了颜色……

枝形吊灯

玻璃花窗

原来在欧美有这样的建筑物！

估计当时很多人都是这样想的。但事实上，这类**洋楼**在其**发源地**无迹可寻

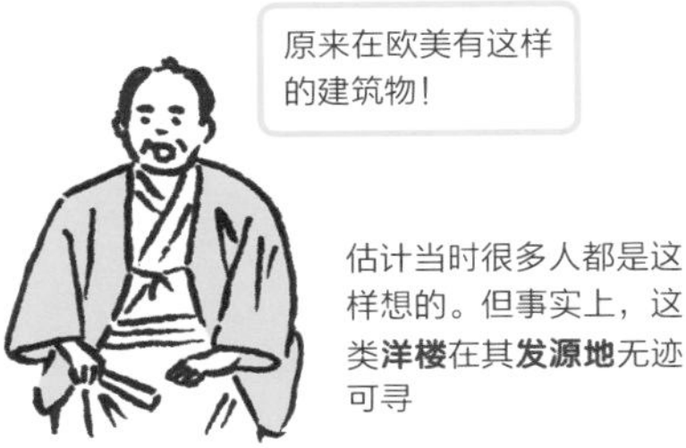

立石踌躇满志建造的这所**旧开智学校**，对整个周边地区都产生了不小的影响，比如在近郊就可以看到很多类似的建筑。然而这类**拟洋风建筑**，在明治时代经过20年岁月之后就逐渐销声匿迹了。

正因为盛放在短短几十年之间，**拟洋风建筑**才有着不可思议的魅力。如果可以了解隐藏于其中的背景故事，建筑也会变得更加趣味盎然。无论是如今还是往昔，建筑都有着象征一个时代的力量。

㈠ 破风：东亚传统建筑中常见的正门屋顶装饰部件，为两侧凹陷，中央凸出，类似雨篷的建筑部件。

㈡ 拟宝珠：（栏杆柱上）葱花形状的宝珠装饰。

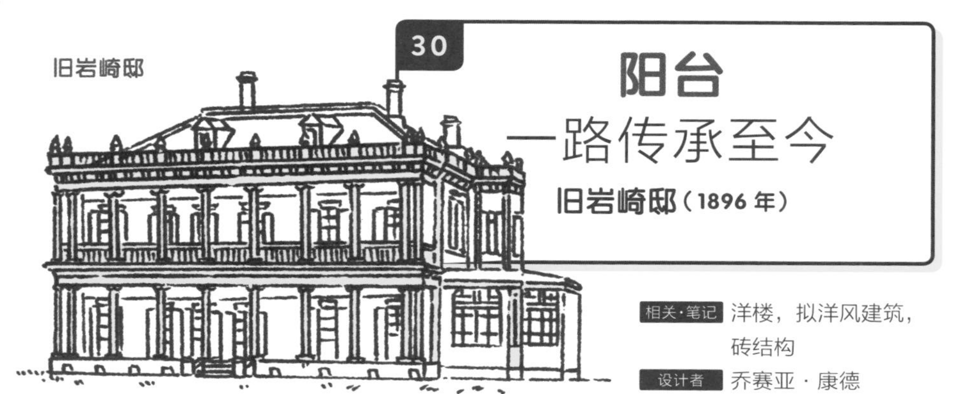

30

阳台
一路传承至今

旧岩崎邸（1896 年）

相关·笔记 洋楼，拟洋风建筑，砖结构

设计者 乔赛亚 · 康德

旧岩崎邸在 1896 年由英国建筑师**乔赛亚 · 康德**（Josiah Conder）设计建造，是日本现存最古老的一座**附有阳台的洋楼**。

乔赛亚 · 康德

第一位被雇佣从英国来日本开展工作的建筑师。在日本培养了一批初创期的日本建筑师，奠定了明治时期以后日本建筑界的基础

如果观察当代的木造独栋住宅或是钢筋混凝土公寓，配有阳台似乎是一件理所当然的事情。这里多提一句，与建筑物合为一体的形式称**阳台**（veranda），凸出建筑体外的则多称**露台**（balcony）。

在生活中逐渐不可或缺的阳台，其实并**不是从檐廊发展而来**。

和式传统建筑中，也有一部分会在二楼配有勾栏，却不像阳台那样能够供人进入。作为大前提，日本的民居其实大部分都是平房，町屋（店铺）一类也不会配有阳台。

学习西方建筑的
康·德的弟子们

明治时代，当**洋楼**从欧洲传入日本的时候，**已经是附有阳台**的形式了。但在欧洲这种建筑**原本并没有**阳台。

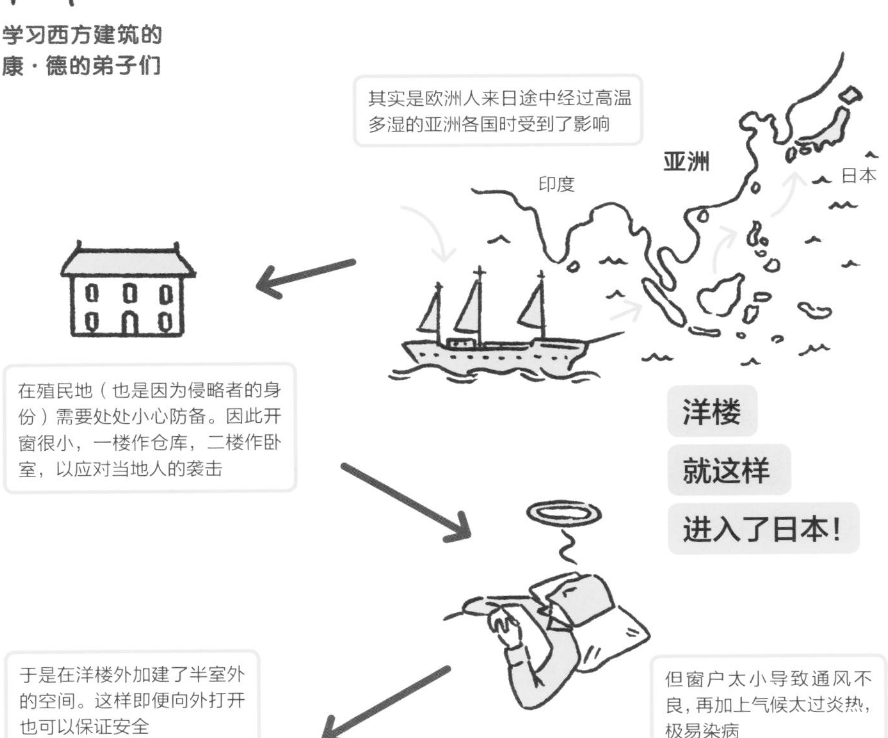

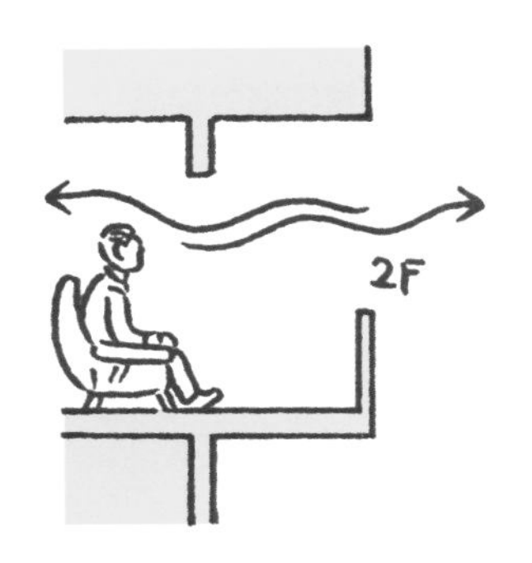

阳台既促进了通风，又可以用餐或午间小憩，使生活变得更为舒适。另外，在英国确立统治权之后，一楼也可以对外敞开了。

经历如此种种，**阳台**也就传到了日本。建筑形式会跟随气候、风土人情与社会背景的变化而变化，这可以说是一个极佳的例证了。

31

琉球民居的怡人之处在于**雨廊**

铭苅家住宅（1906 年）

铭苅家住宅

相关·笔记 民居，箱木千年家，旧田中家住宅

设计者 ——

伊是名岛与冲绳本岛间稍有一些距离。岛上有五个村落，其中**伊是名村**即为**铭苅家住宅**的所在地。在伊是名村，红瓦屋顶的**民居**，珊瑚堆成的**石墙**，还有沿街排列的**菲岛福木**，这类冲绳传统的村落景观依然随处可见，村落中还保留着许多古老的风俗祭礼，生活气息十分浓厚。**铭苅家**则是本地的世家，家主曾是琉球王国之王尚圆王的叔父，由他的子孙世世代代担任岛上的领主一职。

村落的菲岛福木

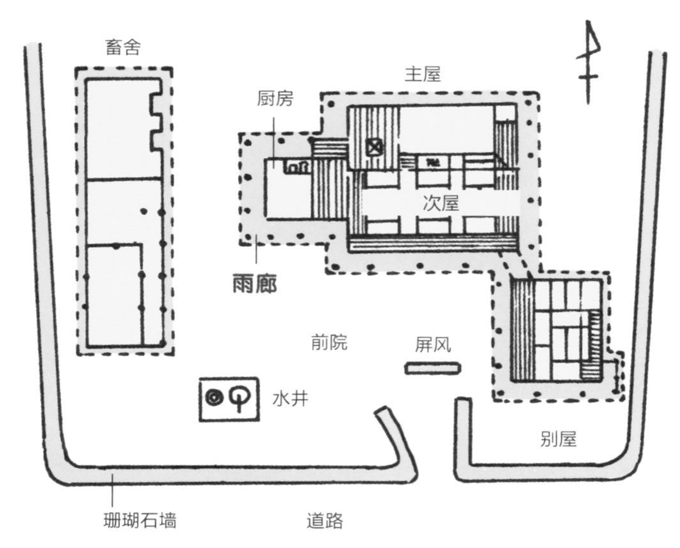

铭苅家住宅的构成

在用地中央，由**主屋**和**厨房**构成正房，其东南建**别屋**，西端则设置**畜舍**。其中主屋、厨房与别屋，是由四坡屋顶相连形成的**雨廊**相互连通的。

雨廊是人与人相遇的地方

从哪里来的呀?

我从东京来的

请随意，不要拘束

前院 **雨廊** 檐廊 次屋

雨廊是一段**屋檐覆盖**的空间，进深大约是**半间**，既可以遮挡雨水和烈日，又能够确保通风。冲绳民居不设玄关，邻家熟人一般直接从**次屋**（又称**表座**）进出。另外，在伊是名岛还有一种叫作“ihyajūte”的古老习俗，意思是“不论是谁都可以在这里轻松休息一下”，他们会备好香片茶和点心放在托盘上，置于次屋前的檐廊，这就形成了一处**人与人邂逅的空间**。

从前庭穿过雨廊，再进入檐廊和次屋，光线逐渐衰减，让人感受到空间的进深

以生长时的姿态立柱

雨廊的柱子使用的是被称为**罗汉松**的树种。这是冲绳主要的建筑材料，强度和耐久性都很出色。自然生长的树木根部特别耐水侵蚀，是最适合制作雨廊柱子的材料。

坐在次屋深处观望明亮的前庭，光线反射，屋檐后的细竹和椽子隐隐浮现。对于琉球民居舒适氛围的营造，**雨廊**是不可或缺的要素。

32 豪华绚烂的 **新巴洛克**大宫殿

赤坂离宫（1909 年）

赤坂离宫

相关·笔记 哥特式，罗马式，城郭建筑

设计者 片山东熊

海外旅行时，可以看到各式各样的**宫殿建筑**。所谓宫殿，一般是指王族或皇族所居住的殿堂建筑。

石造、巴洛克式

凡尔赛宫

在日本也留存着历代天皇居住的建筑，代表之一就是**京都御所**。用于举行各种仪式的紫宸殿采用木结构的寝殿造形式，具有简洁的形式主义美感。

日本与西方的宫殿在样式上大相径庭，但 1909 年建造的**赤坂离宫**却和西方的宫殿十分相近。这到底是什么原因造成的呢？

明治维新是关键所在。

由于明治维新之际定都东京，江户成为皇宫新址，和洋折衷（折衷了和风和洋风的建筑样式）的**明治宫殿**（1888 年）建成了。但仅此还不足够，**将宫殿建造得更为豪华**的想法，促生了赤坂离宫的建设。设计者是工部大学校（现东京大学）的第一届毕业生**片山东熊**（1854–1917 年），他作为初创期的建筑师参与了很多宫廷建筑的建造！

用一整年的时间对美国、法国、比利时、荷兰、奥地利、意大利、希腊等地的宫殿建筑进行了详细调查！

活跃于明治时期的建筑师。在宫内省着手建造了大批宫廷建筑

调查和设计共用两年半，

工程则花费了十年时间！

新巴洛克风格的赤坂离宫竣工了！

顺带一提，巴洛克的语源是葡萄牙语中的“Barocco”（形态不规则的珍珠）

明治时期，汇集了西方建筑设计、技术、相关艺术精髓的集大成之作，在建筑师们的千锤百炼之下终于完成了。于是片山前去向明治天皇汇报此事。

陛下，终于完成了！

太奢侈了……

震惊……

本希望陛下能高兴的……

唔，唔……

明明耗费了 10 年多的精力……

片山的竭尽全力虽然值得同情，但**明治天皇**的节俭也令人佩服。因为欧洲的王公贵族无一不住在类似的宫殿里。不过无论如何，在这一时期就借由本土建筑师之力完成了能够与欧美相比肩的建筑，这一点依旧值得瞩目。赤坂离宫现在已被认定为国宝，身在日本却可以体验到**宫殿式的豪华空间**，有机会的话不妨去参观一番。

33 在关东大地震中幸免于难的**砖结构建筑**

横滨红砖仓库（1911 年 /2010 年）

横滨红砖仓库（竣工时）

竟然使用了 318 万块红砖

相关·笔记 建筑改造，木构架砖瓦结构

设计者 妻木赖黄、新井千秋

砖是据说从公元前 4000 年左右就开始被人们使用的建筑材料之一，主要是由黏土和页岩放入模具烧制而成。在包括欧美等地的世界各国都十分常见。

世界上传统的制砖方法示例

然而在日本，使用砖进行砌筑的建筑却一直不多见。直到进入明治时期，在西欧化潮流的影响之下，类似的建筑才逐渐增多。就在这时，发生了**关东大地震**（1923 年），砖结构建筑遭受了巨大的损害。

碇联铁构造法

铁带

但是，使用当时最先进技术建造的**横滨红砖仓库**却幸免于难，这是为什么呢?

建造时使用的**碇联铁构造法**㊀正是其原因所在。

此外，红砖仓库还配备了很多在当时最为先进的防灾设备，比如自动喷水灭火装置的专用管道、消防折叠门、避雷针，还有日本最早的运输电梯……

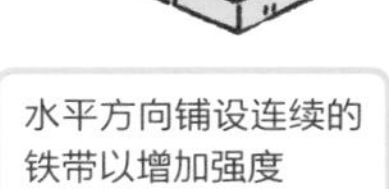

这些设备如今已成为必备品，但在当时还远远没有普及。

㊀ 碇联铁构造法：在砖墙体的根基部、地面、墙顶部等水平方向的墙中心线铺上一条铁带，在墙体的交叉部分中用垂直方向的铁棒使铁带固定，铁棒也有从基础到墙顶部的情况。

红砖仓库曾经作为横滨港的物流据点大显身手，然而到了 20 世纪 70 年代，由于海上运输集装箱化的趋势，这座建筑逐渐失去了原本的作用。曾经注入了大量心血的建筑，如果就这样拆除掉实在是令人惋惜！于是为了迎合现代社会的需求，红砖仓库进行了一次**改造（建筑物用途变更）**，还展开了一系列**修缮工程**以保证其安全性。

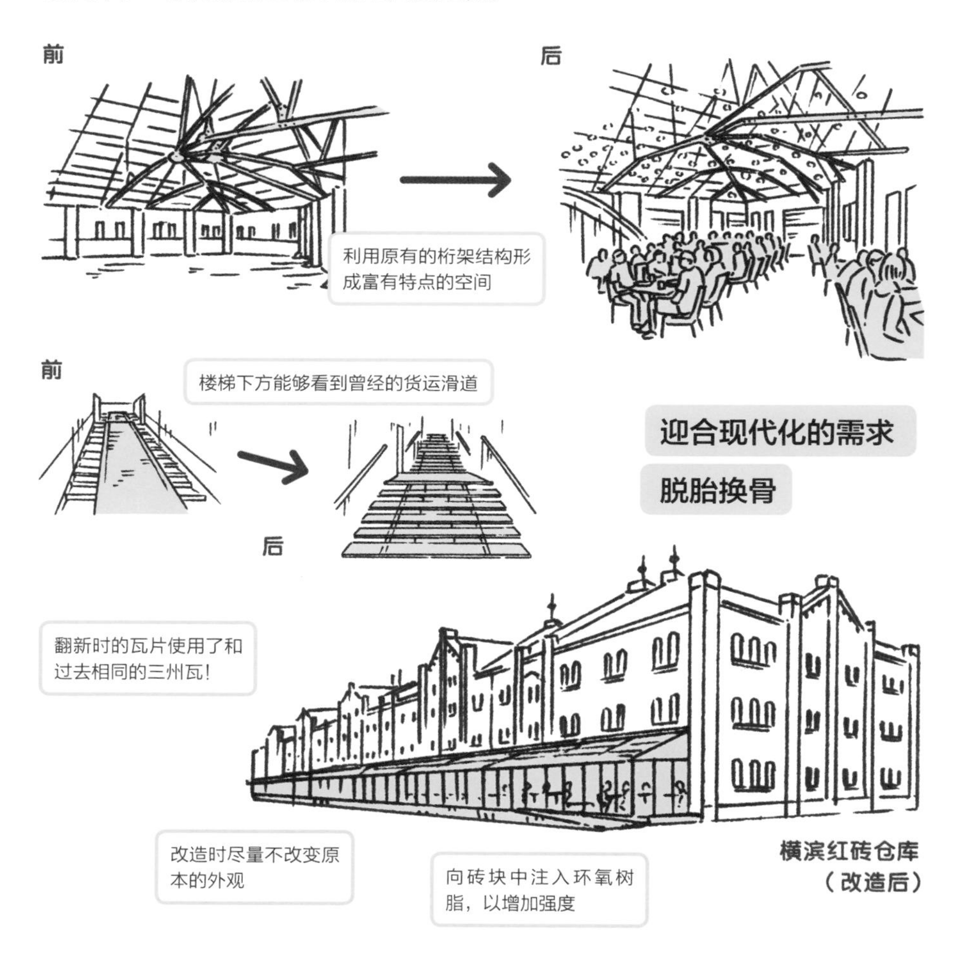

横滨红砖仓库（改造后）

像这样，在**保留了有关建筑物的历史记忆**的同时，**红砖仓库**也作为**文化商业复合设施**在 2010 年重获新生。开业以来，这里逐渐成为极受欢迎的观光景点，2011 年的合计来场人数突破了五千万。可见，越是具有波澜起伏的故事、呕心沥血的建造过程或是独一无二的特征，这样的建筑也就越有魅力。如果在其中还融汇了这个国家和地域的文化和建筑技术，其价值就更加不言而喻了。红砖仓库的故事，直到现在仍然在继续。

34

大谷石采石场遗址宛若地下剧场

大谷石采石场遗址（1919年*）

*开采起始年份

这里简直就像是一座太古神殿

相关·笔记 大谷石，地下空间，旧帝国酒店

设计者 ——

时间倒回远古。如果纵观日本居住史，会发现先民们曾经居住在被称为“横穴式住居”的自然洞窟和岩洞之中。但在那之后的日本，人们开始寻求在地面上居住，未曾发展出像中国的窑洞，或是在土耳其卡帕多西亚那种**地下住所**。

一般来说，大多数建筑都是堆积石块或是组合木材这样的**加法式**建筑。与之相对的，**地下住所**可以说是通过挖掘土地和岩石生成的**减法式**建筑。这类**减法式建筑**之所以没有得到发展，或许是因为日本地处亚热带气候区，作为建筑材料的木材和竹材极易获得。

大谷石采石场遗址，是将石材开凿成**长方体**后进行开采的独特采石方法，因此也形成了大谷独一无二的**巨大地下空间**。

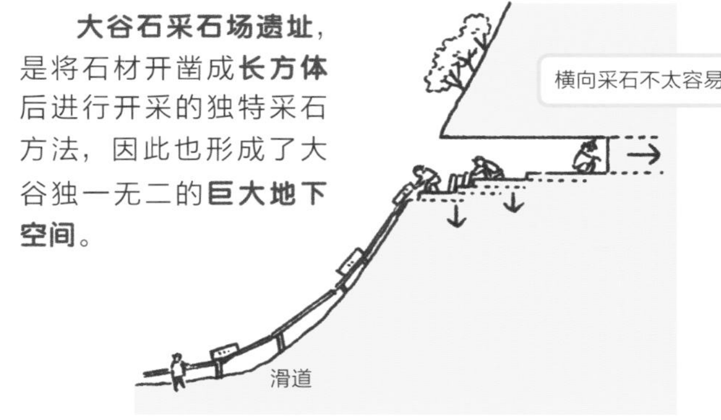

如何建造遮风蔽日的采石场

首先在半山腰横向挖一个洞穴，再从岩山的中心向下开采。这样，岩山顶部就成为屋顶，防止雨水和强烈的日光侵入竖向的洞穴。

平地采掘

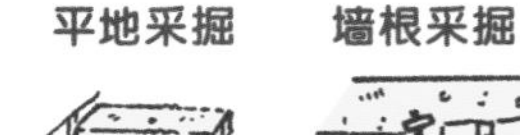

墙根采掘

一边纵向切割石材一边沿着洞穴横向挖掘的方法叫作**墙根采掘**，需要极高的开采技术。然后从横向洞穴向下方采掘，再通过竹与木板铺设的滑道将石材向外运输。

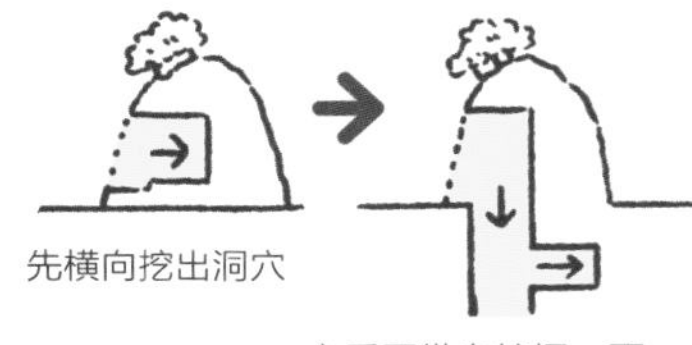

先横向挖出洞穴

之后再纵向挖掘，雨水就不会进入采石坑

这里的地下空间并不是被有计划地建造出来的，而是在开采中自然而然形成的。这样的空间有时比特意设计出的空间更有震撼力，这也是建筑本身的有趣之处。

而**大久保石材**店也是一处很耐人寻味的建筑。这是在大谷一带拥有许多采石工人的传统石材批发商店。这是一座石制的建筑，研钵形状的宅地前横亘着鱼糕状的山脊，人们将这山脊**凿出一间房子用作接待室**。这间接待室也成为大谷石材批发业的象征。

大久保石材店接待室的由来

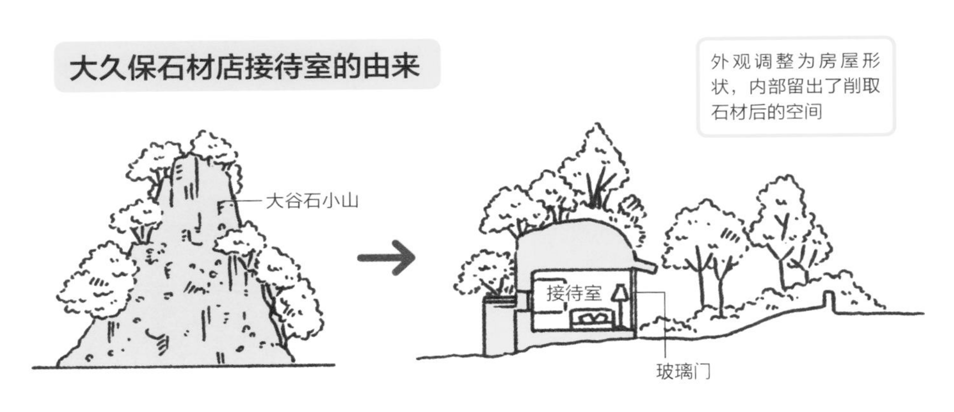

大谷石采石场遗址如今已经完成了原本的使命，巨大地下空间则被打造成博物馆、音乐厅和大剧场。有机会的话一定要去体验一番。

35

从日本建筑汲取灵感的 **草原风格建筑**

自由学园明日馆（1921 年）

相关·笔记 现代主义建筑，近代数寄屋，艺术装饰风格

设计者 弗兰克·劳埃德·赖特、远藤新

所谓的**草原风格**建筑，是由美国建筑师**弗兰克·劳埃德·赖特**（1867–1959 年）所创造的一种建筑样式，其特征是**压低建筑的高度，使整体构成在水平方向延展**。这样的风格是如何产生的呢?

在此之前，住宅往往被众多墙壁包裹，各个房间相互独立，十分闭塞。

因此，赖特选择将空间错动开来，使之在平面与剖面上相互连接，同时增加对外的开窗。

此前的西方建筑大多是封闭的方盒子样式

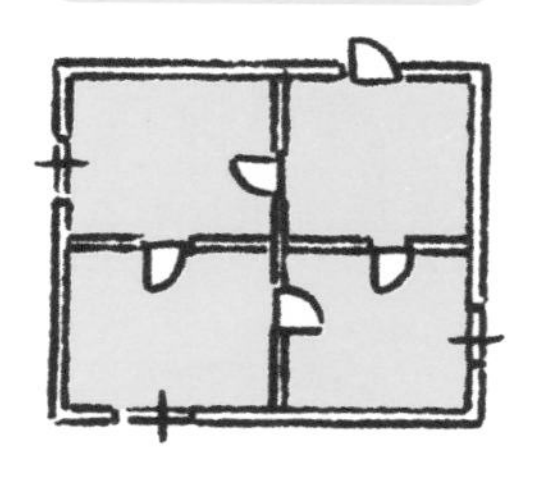

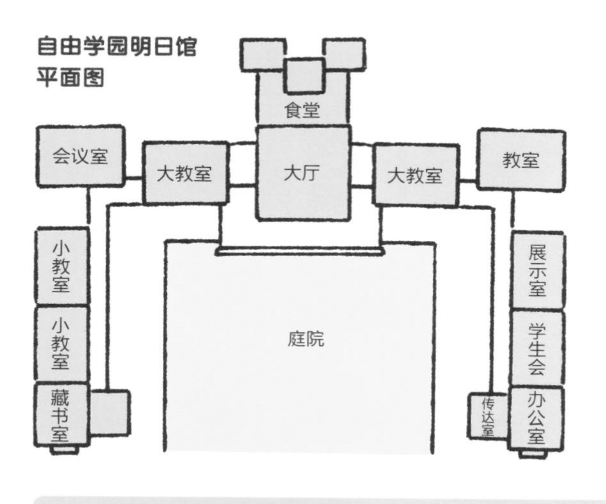

据说曾受到芝加哥世博会（1893 年）日本馆的影响

弗兰克·劳埃德·赖特

美国建筑师。
现代主义建筑三大巨匠之一

在日本能够窥见草原风格之一隅的稀有建筑!

看到这里各位是否有一些新发现呢？没错！草原风格建筑与日本的**寝殿造**十分相似。事实上，赖特深受**日本建筑的影响**。他曾学习日本建筑、艺术、文化，并将其灵活运用在自己的设计当中。

压低建筑高度，向水平方向伸展！

自由学园正立面

日本寺庙正立面示例

最值得瞩目的是空间的连续性！

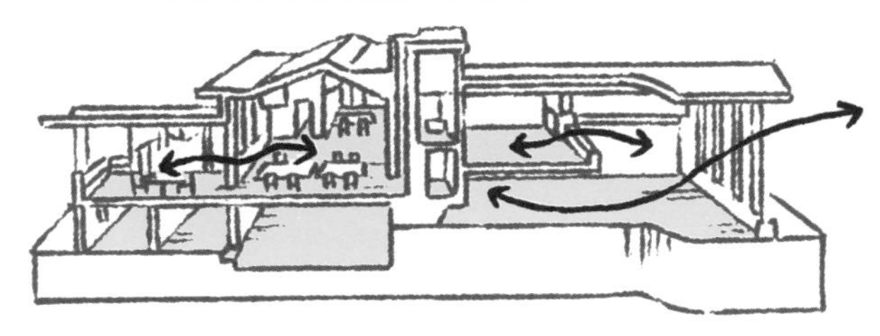

房间与房间、内外与上下的空间都是连通的，具有流动性

东三条殿 寝殿造

庭院与自然融为一体

桂离宫

新御殿

乐器房

中书院

古书院

使其如飞雁斜向展开，以增加与外部连接的部分

临春阁

楣窗

隔扇

庭院

空间相互连接，不用门或墙壁分割

作为草原风格的理论支撑，赖特提倡有机建筑的概念。所谓“**有机建筑**”，是指效仿自然形态中所蕴含的普遍形式，**使建筑与环境融为一体的同时适应居住者**的需求。听起来十分令人心动。

话说回来，当赖特意识到**内部空间才是建筑的真理所在**时，一度认为这是自己独创的思想，却猛然发现日本的茶书中早已有这样描述：“房间的至道即在屋顶与墙壁所围合的空间里”。这话宛若一道晴天霹雳，使赖特受到了巨大的打击。

不过，他立马又想道：“实际采用这种思想，在积极思考后将其用于建筑建造的不正是自己吗？”重整旗鼓之迅速令人钦佩，这就是赖特的风范！

36 像脊椎一样活动伸缩接合

旧帝国酒店（1923年）

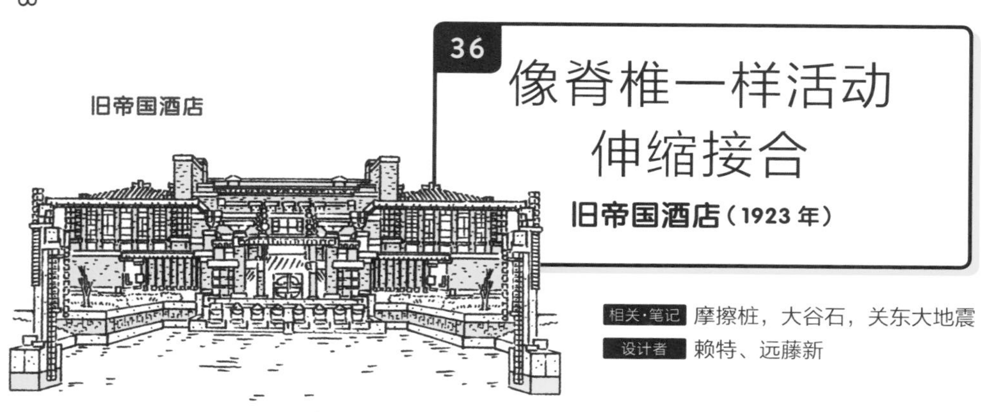

相关·笔记 摩擦桩，大谷石，关东大地震

设计者 赖特、远藤新

旧帝国酒店是建筑巨匠**赖特**（参照35）的杰作之一，于1912年着手设计，1923年完工。尽管期间遭遇了关东大地震（正巧是竣工仪式当天），大批建筑物都在震灾中倒塌损坏，这座酒店却几乎毫发无损。那么，它究竟是如何在大地震中幸免于难的呢?

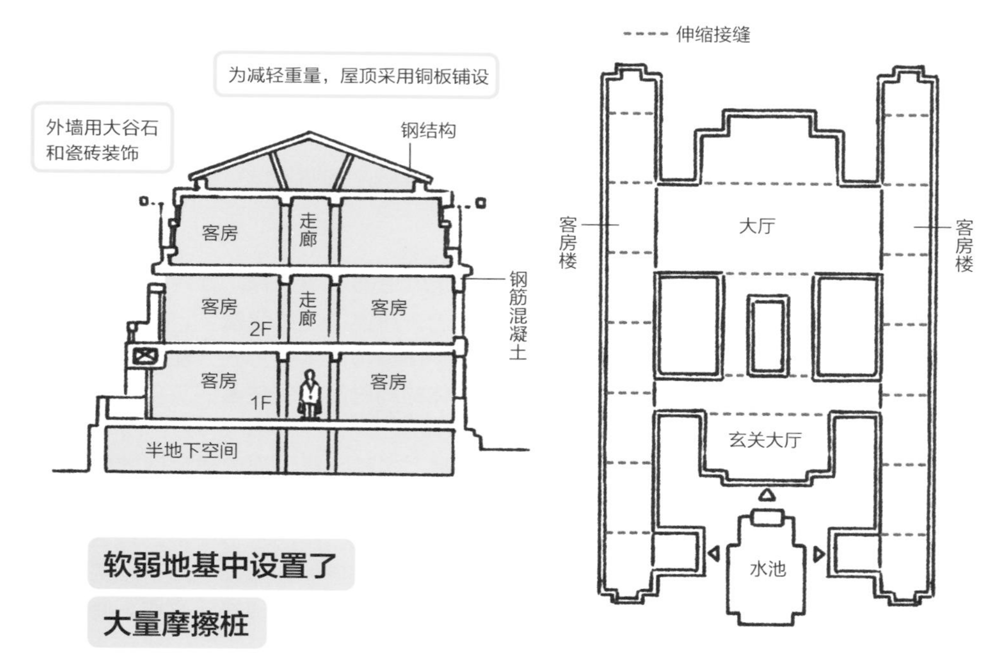

软弱地基中设置了大量摩擦桩

由于用地（日比谷）曾经是海湾的一部分，**软弱土层**深达40~50m，如果采用常见的端承桩进行施工，**将桩打入持力层**需要花费大量的资金和时间。再加上由于土层松软，地震时产生的横向晃动，有将基础桩折断的风险。

就在这时，赖特通过采用形如剑山倒置的**摩擦桩**，使建筑最终浮在软弱地基之上。以 60cm 的间隔打入一系列 2.4m 的短桩，用当年的价格来算总共节省了约 10 万美金。

用石头代替模板的一体浇筑施工方法！

内外装修使用的是用艺术装饰风格的**大谷石**（参照 **34**），但能承受住地震并不是大谷石的功劳，而应当归功于和**钢筋混凝土结构**合为一体的**浇筑施工方法**。瓷砖和石头代替了原本的模板，与混凝土实现了一体化。大谷石恰好是**多孔石材**，混凝土渗入细小的孔洞后很难剥离，因此在这一施工方法上很占优势。

伸缩接合与脊柱的原理如出一辙？！

结构上的推敲还不止于此。为了吸收因气温变动造成的构造体形变，赖特经过详细计算，将**伸缩接合**（有意设置的构造接缝）设置在了每隔 60 英尺（约 18m）的接头处。通过它们不仅能够应对膨胀收缩造成的变形，当地震波冲击软弱地基时，大量接缝的变形还能够将荷载传递分散开来，从而避免建筑体的破坏，这和人的脊柱简直如出一辙。此外，屋顶使用了钢结构支撑的铜板，上部结构重量减轻，也有缓和晃动的效果。

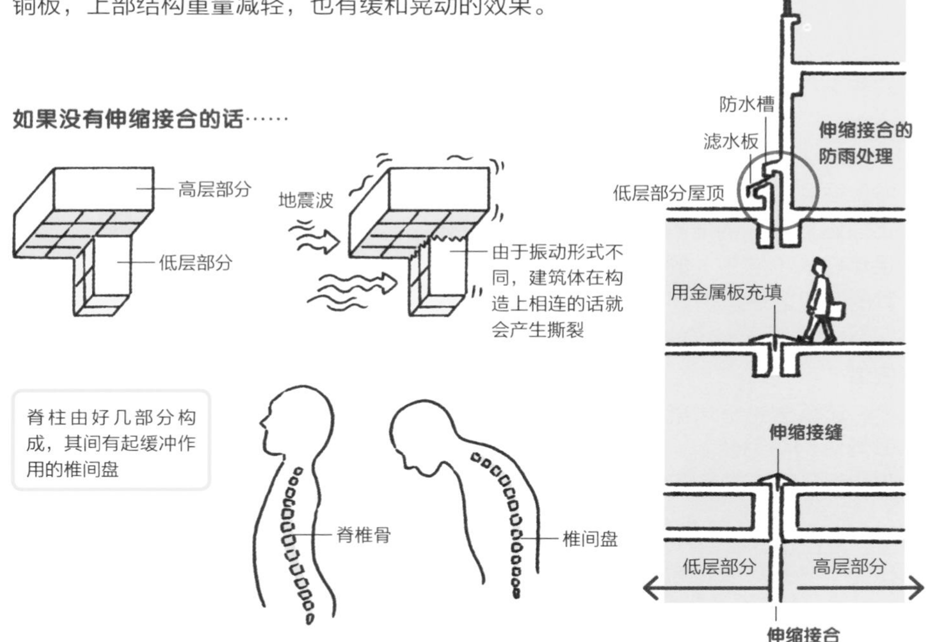

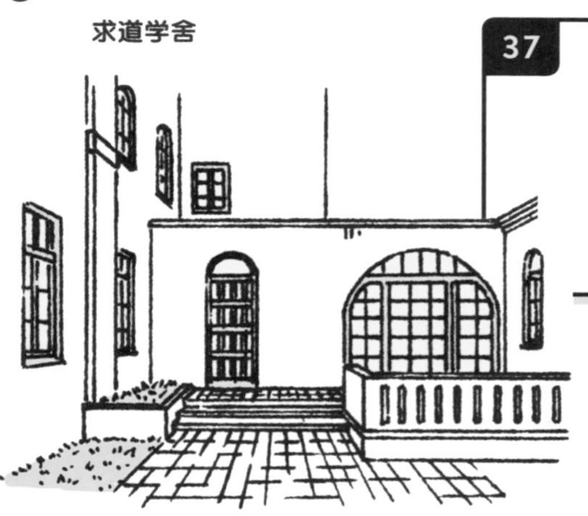

37

传至未来
SI建筑体系
求道学舍（1926 年 /1999 年）

相关·笔记 砖构造，艺术装饰风格

设计者 武田五一、近角真一

在现代，有许多古旧的建筑遭到拆除。这确实无可厚非。随着时间推移，建筑会出现各种各样的问题，例如抗震水平不足，设备达到使用年限，或是布局不再适应需求等。

但是，也有一个可以避免拆毁建筑物的解决方法，那就是 **SI 建筑体系**㊀。

20 世纪后半叶，一所建于 1926 年的学生宿舍由于老化加剧了漏水和风化程度，正面临被拆除的危机。此外，不再能够满足年轻人（学生）的生活所需也是要被拆除的原因之一。

一经拆毁就将不复存在，十分令人惋惜……

这所学生宿舍就是**求道学舍**，一座形似酒店的前卫建筑。在建造当时，设计水平和设备配置都有极高的水准。

风格前卫的求道学舍！

无论如何都要想办法保留下来！

㊀ SI 建筑体系：是指将主体结构 (Skeleton) 与内部填充 (Infill) 相互分离的建筑体系，有利于阶段性更新。

此时要改造的话，就要用到 **SI 建筑体系了**。

正如其名，第一步就是要将建筑恢复到**结构框架**的状态！接下来，要仔细调查其性能规格是否允许更新改造。最后，还要进行结构体的强度检测。

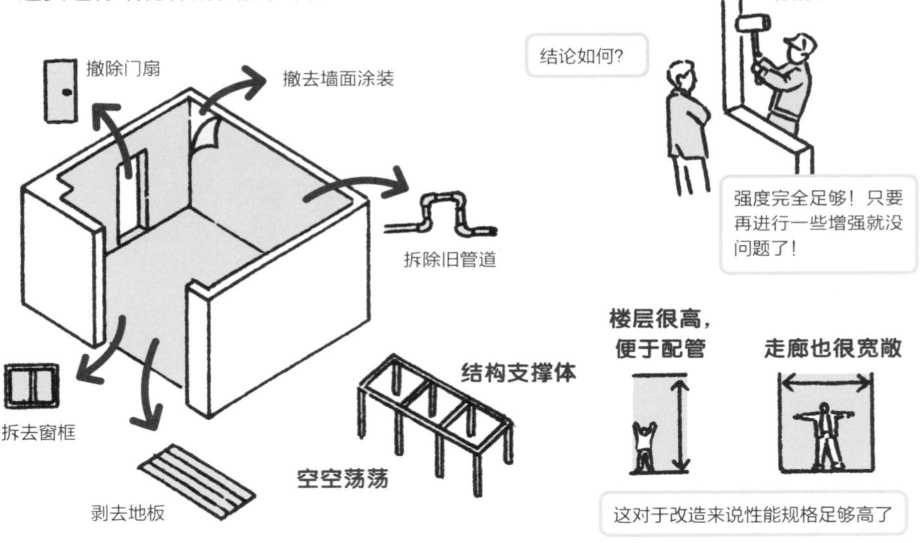

学舍改造之后的用途被确定为**集合住宅**。对外募集居住者时，人们纷纷闻讯前来。这是为什么呢？

原因在于居住者拥有内部装修的自由。再加上公共部分竭力保持了当年的风貌，原建筑的魅力被出色地继承了下来。

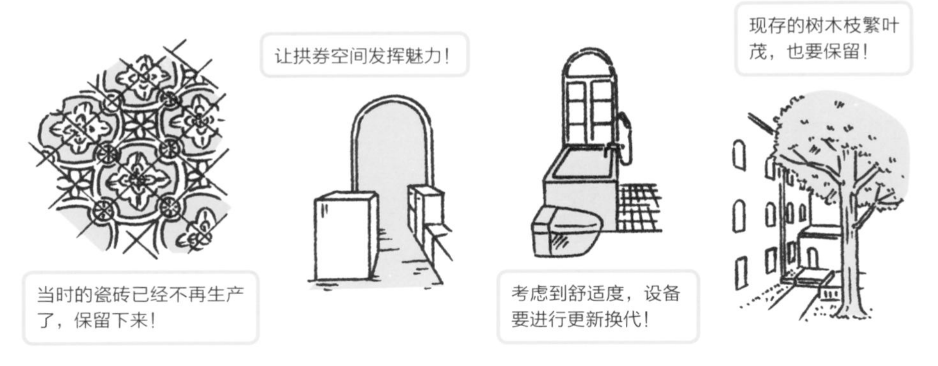

从经济性和劳动强度方面考虑，其实拆毁后重建更为轻松易行。但是，时间的流逝，记忆的沉淀，以及人们的想法都会被重置归零。而如果像**求道学舍**这样选择了保留，那么这一地区的历史，人们怀揣的记忆，以及建筑所拥有的力量都会重新被人们认知。只要选择恰当的做法，历史就可以被继承下来并传承下去。

38 关东大地震孕育了招牌建筑

武居三省堂（1927 年）

相关·笔记 砖结构，木构架砖瓦结构，关东大地震

设计者 ——

这才是招牌建筑

虽然称之为**招牌建筑**，但并不是泛指那些装有招牌的建筑。

这个词汇指的是**以整个立面（外观）作为招牌**的建筑，主要建造于**关东大地震后**。这其中有着怎样的故事呢？

1923 年，关东大地震使东京的商铺遭受了毁灭性的打击。考虑到当时的情况，政府以复兴为目的进行了一系列改造规划，并重新制定了相关法规。

日本桥，银座

混凝土大厦

各类建筑的聚集区也是要点之一

日本桥，银座**周边**商铺

招牌建筑

在那个时代，**小商铺**还是必不可少的。人们开始在形式上下功夫，以**一整面墙**构成立面，这是明治时代以后受到了欧美建筑的影响（重视外观）。

立面成了一堵完整的墙

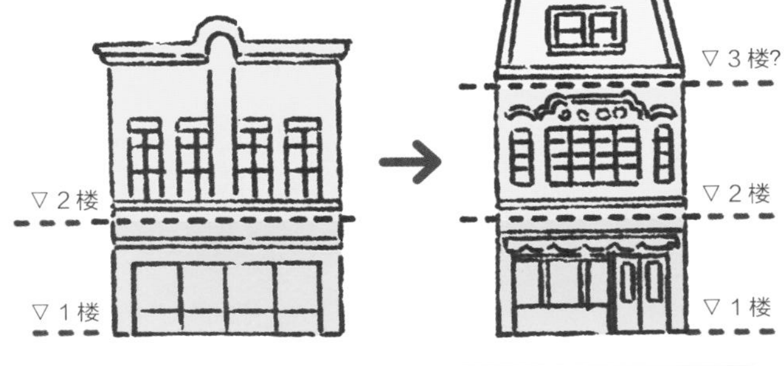

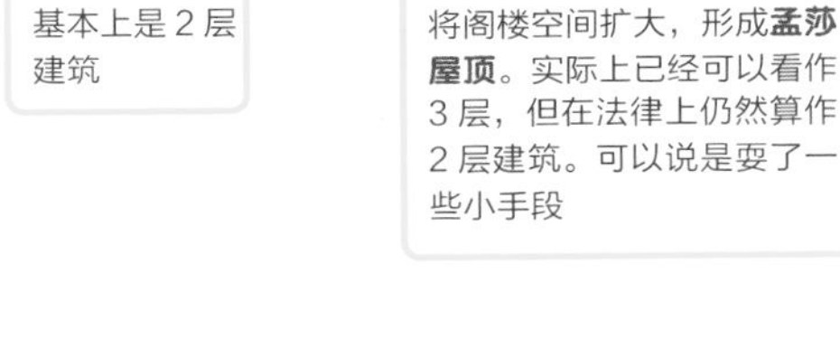

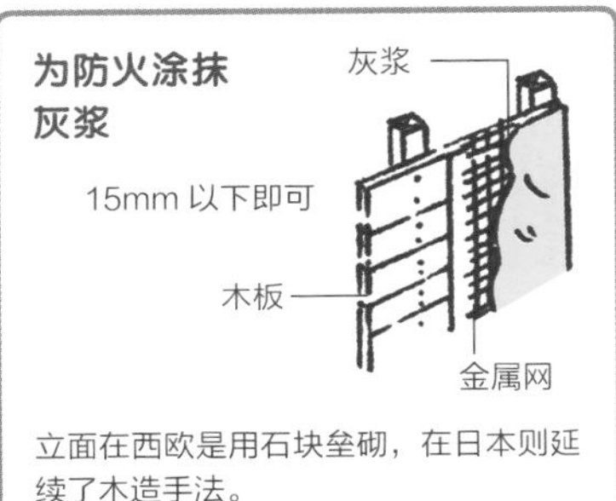

立面在西欧是用石块垒砌，在日本则延续了木造手法。

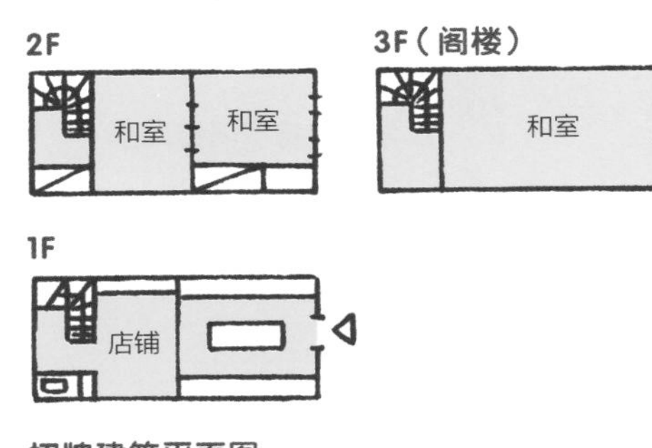

招牌建筑平面图

招牌建筑的有趣之处在于**既是住宅又是商业设施**。

这种建筑很少只有自家人居住，大多数情况下，都是加上店铺的伙计 10 个人左右共同居住。如果看建筑面积，其实只有 10 坪大小，但即便起居局促也舍得在立面上投资，可以说是名副其实的买卖人了。

招牌建筑现状

如今，招牌建筑在开发的浪潮之中濒临消失，但余下的每一座都承载着极富魅力的故事。如果某天在街道上和它偶然相遇，或许一路的心情都会变得愉快起来。

39

罗马式讲堂藏着怪兽

一桥大学兼松讲堂（1927 年）

一桥大学兼松讲堂

相关·笔记 哥特式，巴洛克

设计者 伊东忠太

比萨大教堂

西方的教堂大多是**罗马式建筑**。

知名的比萨大教堂也是罗马式吧！

和哥特式有什么不同呢？

罗马式建筑（直译为“罗马风”）是西方建筑的一类，盛行于 10 世纪后半叶至 13 世纪，其特征是**厚重的石造结构**以及昏暗的内部空间。受到朝圣者及十字军的影响，罗马式建筑逐渐融合不同文化的特征，在所到各处绽放出别样的魅力。只是由于当时的技术还未成熟，**窗户只能开得很小**。

罗马式的托罗内修道院⊖

罗马式建筑的特征

半圆形拱门 / 厚重的墙壁 / 拱廊

和哥特式做简单比较

石造形成的厚重感
哥特式 < **罗马式**
窗户所占的比例
哥特式 > 罗马式
整体的节奏感 / 部分和部分的组合形式
哥特式⟷罗马式

啊，原来如此……话说回来，大学校舍中为什么经常见到哥特式建筑，却很少看到罗马式建筑呢？

这是个好问题。大学本身起源于**中世纪欧洲的修道院**。虽然罗马式的修道院也不少见，但哥特式更为纯粹且华丽，因此受到许多大学的青睐。然而，在**一桥大学**的校舍里，却可以看到难得一见的罗马式建筑群。其中尤为值得一提的就是这所**兼松讲堂**！

⊖ 托罗内修道院（L’abbaye Du Thoronet），位于南法普罗旺斯地区，建立于 1160—1200 年。

一桥大学兼松讲堂里，藏有怪兽！

特征性的半圆拱

就让我们来谈谈为什么会有这些**怪兽**吧……

4 世纪初，**罗马帝国**选择接受基督教，并开始建立**基督教教堂**，却在其后被**日耳曼民族**所毁。6—10 世纪间，基督教从法国和德国消失，只在意大利还有留存。但到 10 世纪以后，基督教的影响逐渐渗透到日耳曼民族，进而在整个欧洲重焕生机。

由于教堂的样式没有定论，人们将**古罗马的建筑**作为范本，**罗马式建筑**也应运而生。

而罗马式建筑里出现的**怪兽**，不过是由于**日耳曼民族还没能将泛神论等本土宗教完全舍弃**。另外，罗马式建筑经由西班牙受到了伊斯兰文化的影响，因此**阿拉伯风格**的花纹也混入其中。

在罗马式建筑中，生活、文化与思想，经由**怪兽**这一媒介和人与建筑紧密相连，意蕴无穷。

40

和洋交融的
绿色住宅
听竹居（1928 年）

相关·笔记 武田五一，环境学，一居室

设计者 藤井厚二

致力于应对夏日暑热与湿气的住宅名作**听竹居**，不知大家是否有所耳闻。这是建筑师**藤井厚二**（1888–1938 年）的**私人宅邸**，一座建在京都大山崎的实验性住宅。作为日本最早着眼于**环境学**的住宅之一，它也是**将日本的气候、习俗与西式空间相融合的绿色住宅先驱**。

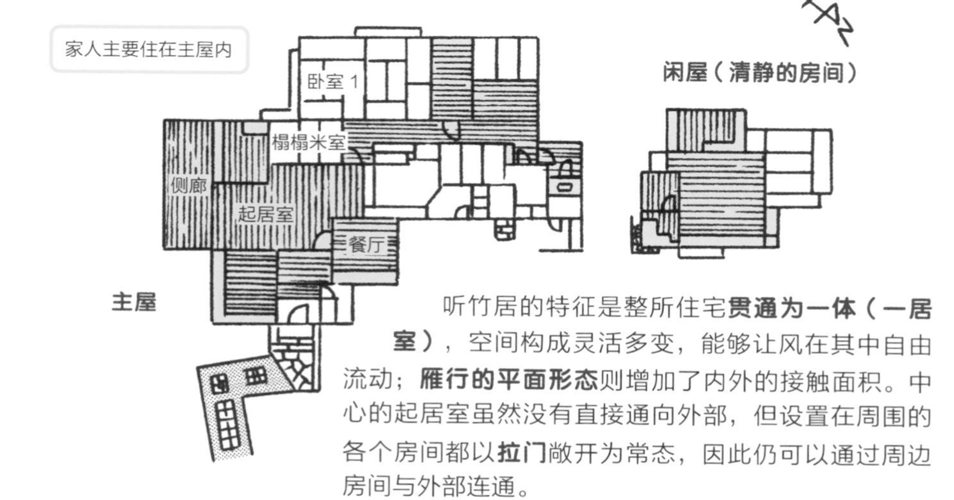

听竹居的特征是整所住宅**贯通为一体（一居室）**，空间构成灵活多变，能够让风在其中自由流动；**雁行的平面形态**则增加了内外的接触面积。中心的起居室虽然没有直接通向外部，但设置在周围的各个房间都以**拉门**敞开为常态，因此仍可以通过周边房间与外部连通。

玄关东南的侧廊同时也起到阳光房的作用，夏日避免阳光直射，冬日吸收日光热量。

有太多想法想要尝试，所以自己的宅邸一共建造了五次……这座也就是最后一次了

藤井厚二

建筑环境学的先驱者

为了舒适地度过夏季，将环境学运用得淋漓尽致

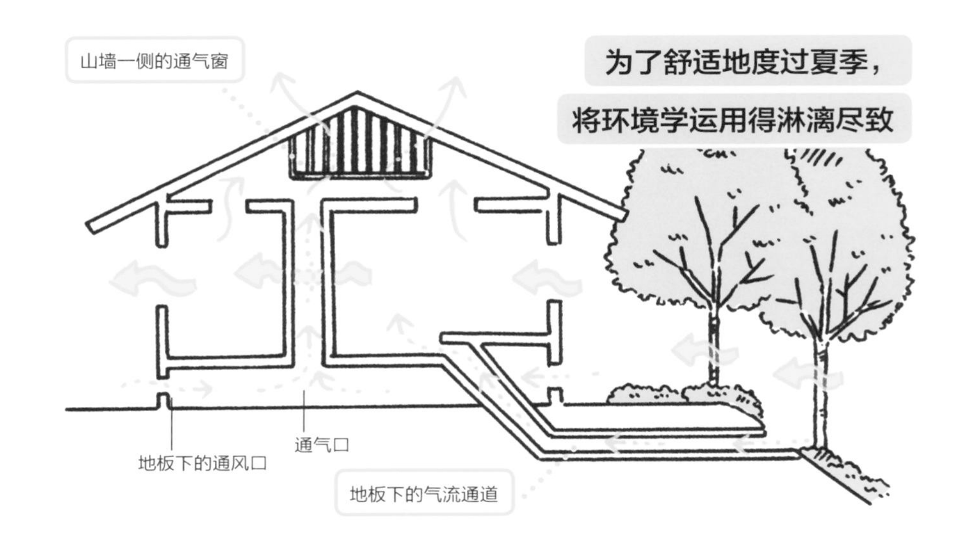

从铺设地板的**起居室**穿过曲线形入口走近**餐厅**，**地板会有一步抬升**，保持了就餐空间的独立性。卧室1前的**榻榻米室**与铺设地板的**起居室**之间有**30cm**的高差。正是有了这一段高度，即便坐在榻榻米上，视线高度也能够与对面坐在椅子上的人**保持一致**。

另外，在这所住宅的设计中，四处隐藏着提升**夏季舒适度**的良苦用心。隔墙上端设置了**推拉式的糊纸木隔栏**，开关十分方便，使新鲜空气可以在整个建筑物内循环流通。此外，榻榻米下还内置了**气流通道**，可以在夏季导入西风以降低室温，起到了**空调的作用**！气流穿过房间从屋顶流出，形成了自然的空气循环。

对地板高差和空气循环进行巧妙设计

推拉式的通风糊纸木隔栏

餐厅

榻榻米室

空气从这段台阶下流通

41 效仿**古印度样式**的崭新寺院

筑地本愿寺（1931年）

相关·笔记 社寺建筑，关东大地震
设计者 伊东忠太

现在的**筑地本愿寺**，是在原本的寺院于**关东大地震**中烧毁后重新建造的。重建后的建筑模样和过去大相径庭，加入了许多**印度建筑**的要素。

为什么会变成如此独特的寺院呢?

首先摆在面前的，是**耐震和耐火**的性能需求。原本的木造建筑显然没能实现这两点，于是重建时决定采用混凝土建造。

同时，寺院的样式也成为探讨的中心议题之一。一部分人仍希望沿用传统形式，另一部分人则期待采用与新时代相符合的**崭新形式**。

包括样式的斟酌在内，接手了整座寺院设计的，正是身兼建筑师与建筑史学家的**伊东忠太**（1867–1954年）。伊东是以西方建筑学为基础重新审视日本建筑的第一人。他不仅在学术上证明了法隆寺是日本最古老的寺院建筑，开创了日本建筑史学，还提倡“建筑进化论”，对西方建筑隐含的进化主义持肯定态度，因此也在日本建筑中寻求创新性。

除此之外，作为理论的具体实践，他还留下了许多别具一格的作品。

印度建筑的要素

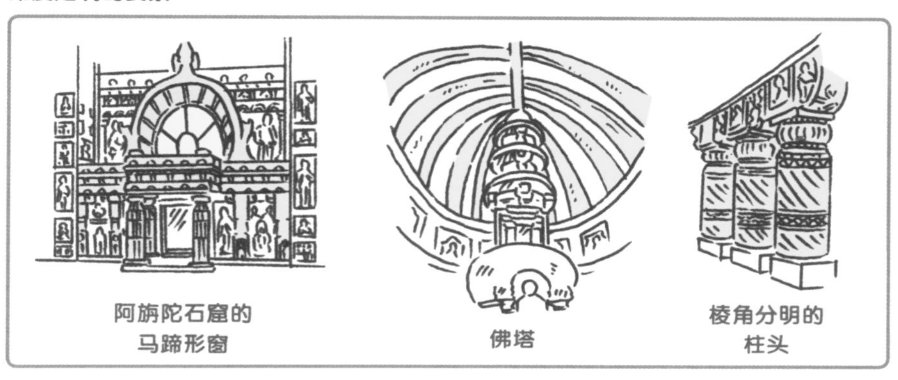

在**筑地本愿寺**的设计中，伊东出于合理性考虑摒弃了纯日本式建筑，认为“应当汲取中国和印度的样式要素”以实现**样式革新**。到筑地本愿寺竣工，共花费了 7 年时间。

完成后的建筑，从中央屋顶的形状、到建筑两端的钟楼、再到柱子的形态，各处都可以观察到经由伊东重新诠释后的印度建筑要素。这是他在**佛教发祥地印度**寻求其建筑精髓所得到的成果，也完全**颠覆了日本寺院的固有形象**。

即便是在竣工将近一个世纪后的现在，筑地本愿寺给人们所带来的崭新感受也丝毫没有衰退，反而这种风格作为筑地的象征，呈现出更为巨大的存在感，也逐渐成为市民们心中无可替代的重要存在。

采用印度建筑要素的崭新寺院

42 日本传统建筑与**现代主义建筑**相融合

轻井泽夏之家（1933 年）

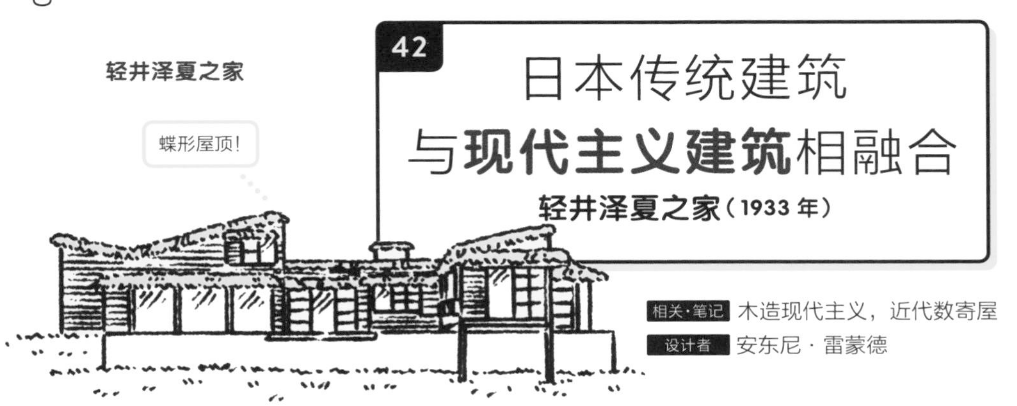

相关·笔记　木造现代主义，近代数寄屋

设计者　安东尼 · 雷蒙德

现代主义建筑出现于 1920 年左右的欧洲，是一类不受既往样式束缚的崭新建筑形式。现代一词在拉丁语中有着“恰在此刻”的含义。

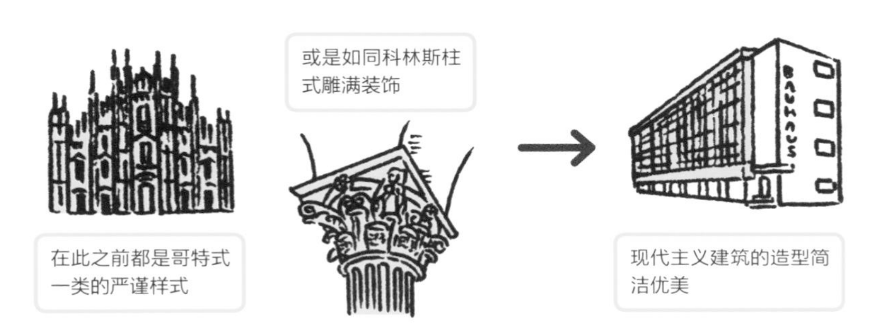

紧接着，通过 CIAM（国际现代建筑协会）等，现代主义倡导者之一的**勒 · 柯布西耶**（1887−1965 年）提出了**现代建筑五大原则**，其影响力逐渐扩大。

“现代主义三大巨匠”之一。作为建筑师代表了 20 世纪

1919 年来到日本的建筑师**安东尼 · 雷蒙德**（1888−1976 年）注意到了这一点。

大家似乎都还没有发现，日本的传统建筑其实比起西欧更适宜发展现代主义……

安东尼 · 雷蒙德

捷克建筑师。在赖特身边工作，在建设旧帝国饭店时赴日

如果把现代主义和日本住宅相融合，似乎会有不错的效果

于是，轻井泽夏之家诞生了

虽以日本传统建筑为基础，却满载着迄今为止还未见过的要素。

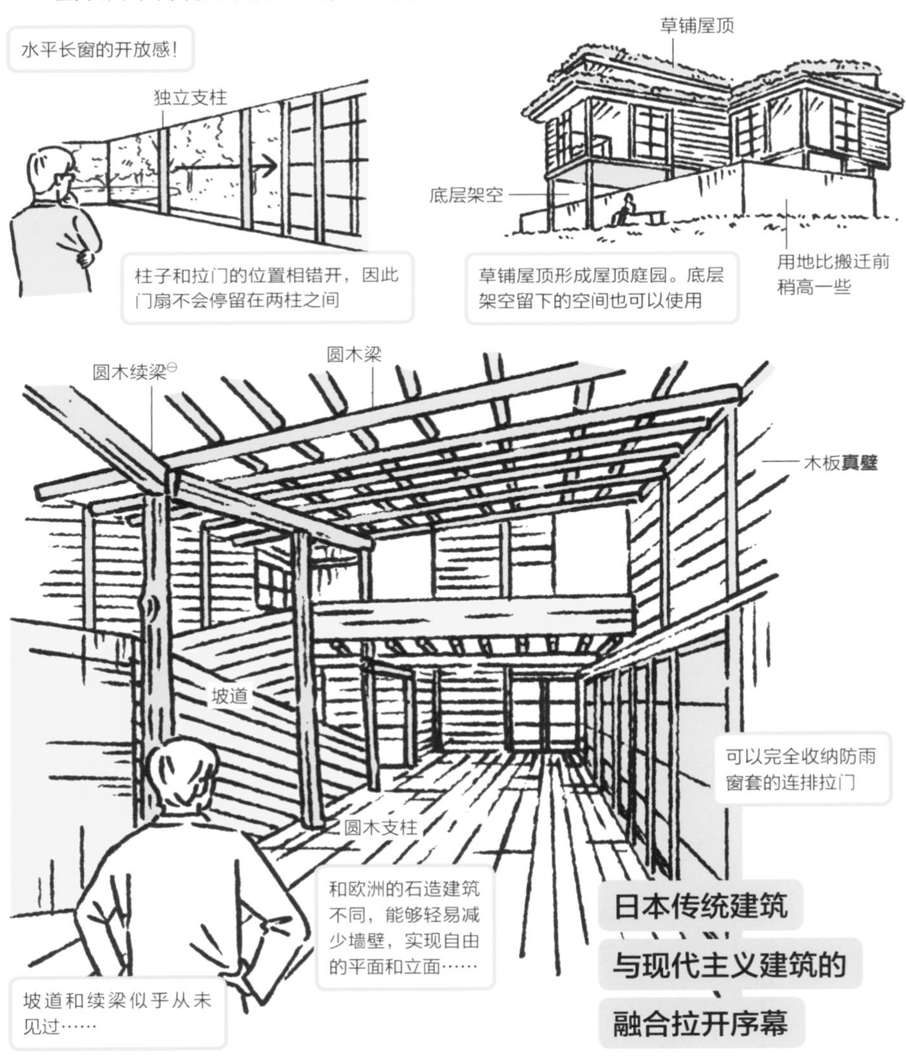

就像这样，**雷蒙德**将日本传统建筑与现代主义建筑相融合，掀起了**木造现代主义**的浪潮［以土浦龟城为代表的**方盒子现代主义**（参照44）是并行的另一大浪潮］。雷蒙德之后，以日本工匠所擅长的木结构传统技术为基础的木造现代主义不断进化革新，直到如今仍不断有新的作品呈现于世。

㊀ 是指用五金件来衔接上一根梁。

43 艺术装饰风格宅邸以一场车祸为契机

旧朝香宫公馆（1933 年）

相关·笔记 哥特式，巴洛克，新艺术运动

设计者 权藤要吉、亨利·拉班（内装）

从 1929 年起，**旧朝香宫公馆**（现东京都庭园美术馆）历经 4 年岁月最终建成。这座建筑是作为朝香宫的宅邸而建，为何却采用了**艺术装饰风格**呢？

据说这座府邸采用了艺术装饰风格?

此前的 1922 年，在法国留学的朝香宫遭遇车祸。为了疗养，夫妇二人决定暂留巴黎，而当时的巴黎正处在**艺术装饰运动**的全盛时期。在参观了 1925 年的**巴黎世博会**后，朝香宫受到了极大的冲击，被其样式之美深深吸引。

接下来的 1923 年，其宅邸由于关东大地震而倾塌，于是他汲取了艺术装饰主义精髓，重建了宅邸。包括整体设计在内的设计和监理工作，落在直属宫内省内匠寮工务课建筑科的工程师**权藤要吉**（1895–1970 年）身上。其中，包括一楼大厅和大客房、二楼居室和书房在内的共计 7 个房间，由内匠寮工务课委托法国设计师**亨利·拉班**㊀进行了内部装修设计。

㊀ 亨利·拉班（Henri Rapin），法国装饰艺术家，也是一位画家，曾师从新古典主义画家让·莱昂·热罗姆。

大客房

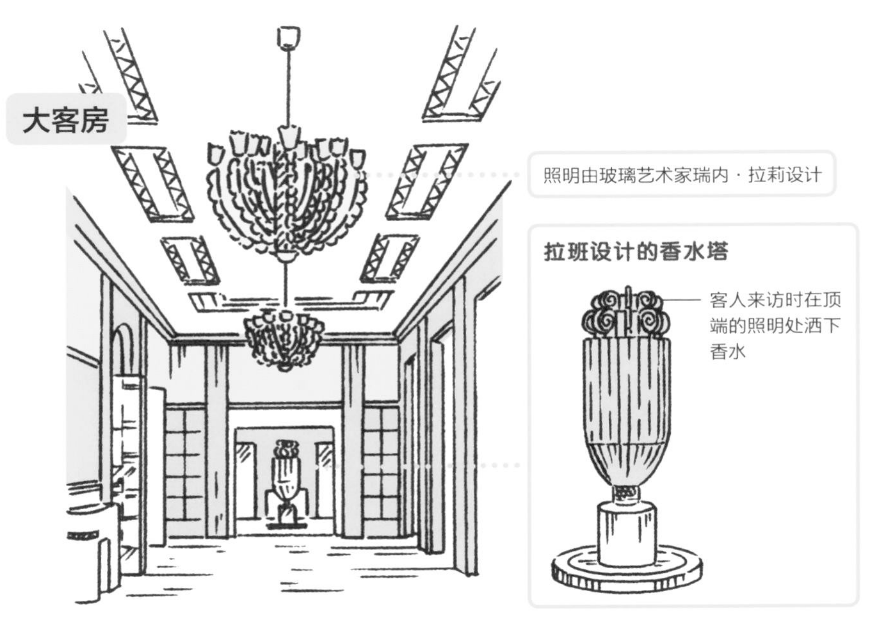

旧朝香宫公馆在室内使用了丰富多样的素材，包括玻璃、石头、瓷砖、金属等，体现了**艺术装饰风格**之美。玻璃工艺由瑞内·拉莉（René Lalique）设计，墙面的浮雕则是出自 J.L. 布兰绍（Ivan-Léon Blanchot）之手，诸如这些设计都是由法国艺术家主导的，这也是其特征之一。

正门玻璃部分的浮雕，是将玻璃灌入模具制作的

台阶和扶手处使用了意大利产的大理石，金属装饰采用了艺术装饰风格

大客房门上是马克斯·安格兰（Max Ingrand）制作的蚀刻玻璃

流行于 19 世纪末到 20 世纪的**新艺术运动**，主题是以花与植物为代表的**有机体**，给人以富于**曲线感和装饰性**的印象。与此相对的，风行于 1910—1940 年前后的艺术装饰风格，以几何学图案为主题、留下了更趋直线形和功能性的印象。由于强调装饰而无法适应大量生产的新艺术运动，随着第一次世界大战的爆发走向衰退。而在**艺术装饰风格**的时代，艺术与设计从一部分特权阶级走向大众。这一时代的氛围，从旧朝香宫宅公馆的设计中也可以隐约感受得到。

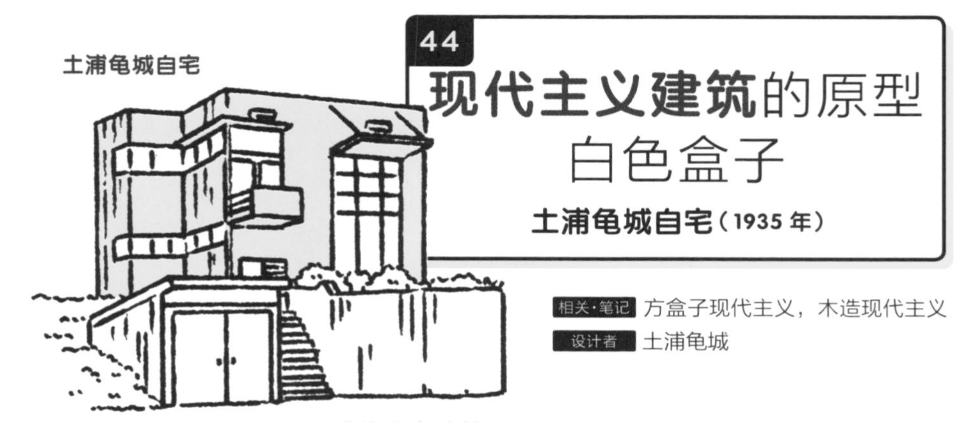

44

现代主义建筑的原型 白色盒子

土浦龟城自宅（1935 年）

相关·笔记 方盒子现代主义，木造现代主义

设计者 土浦龟城

现代主义建筑的最大特征之一，就是与世界上任何国家的历史进程都不相关联。它们大多是由直线构成的立方体建筑，不含有装饰性、地域性和民族性。

进入现代主义建筑前的大致流程

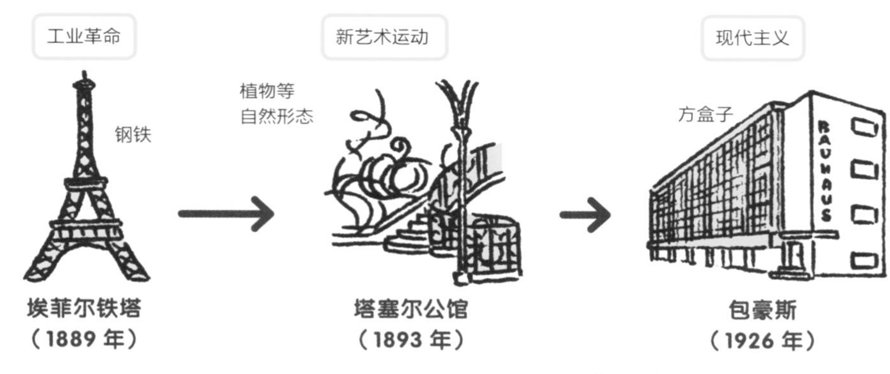

包豪斯受到了**风格派**的很大影响，这类设计品和绘画主要由水平或垂直的线条和平面构成。于是在建筑中除去凹凸，做成方盒子，加入大面玻璃，**现代主义就此诞生**。

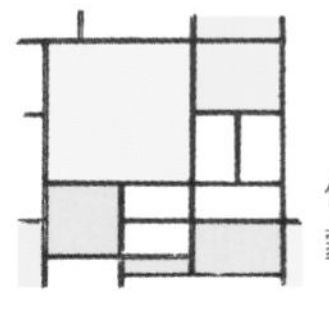
代表风格派的蒙德里安绘画作品

为了实现简洁的外观，设计者尽量**消除外露的线条**，使之纯白且透明，并导入光线形成纯净的效果。

土浦龟城虽然是赖特的弟子，却感到他的有机建筑难以效仿，于是转向了**包豪斯**的**方盒子现代主义建筑**。

土浦龟城

建筑师。曾在赖特的事务所工作，回国初期延续了赖特的风格，但很快就开始尝试在白色立方体上大面积开窗，转向了现代主义建筑

1935年，土浦龟城自宅完成了！

接着，1935年，雪白的方盒子现代主义建筑**土浦龟城自宅**在日本建成了。

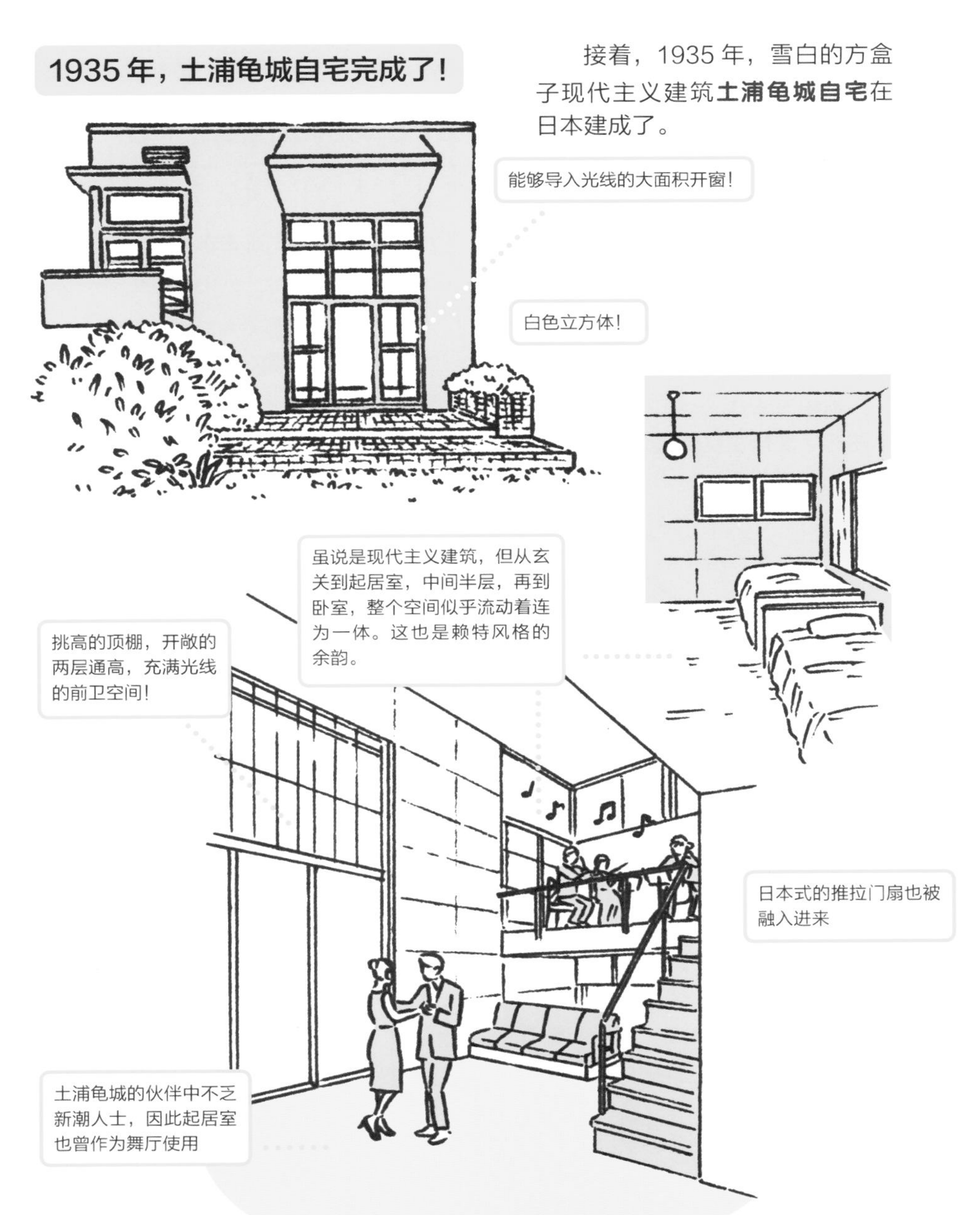

就这样，现代主义建筑进入了日本，率先在一批前卫新潮的人中逐渐普及开来。**方盒子现代主义省去**了建筑中**不必要**的部分，灵活运用近代技术，**合乎理性**且**富于功能性**，因此得到了极高的评价。即便到了今天，由于其简洁之美，方盒子现代主义仍有很高的人气，受到人们的广泛喜爱。

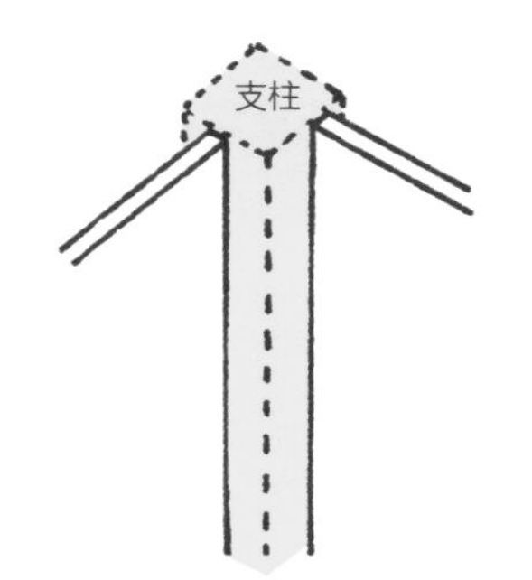

45

随着**近代数寄屋**的诞生柱子消失不见了！

旧杵屋别邸（1936 年）

相关·笔记 数寄屋，现代主义建筑

设计者 吉田五十八

吉田五十八（1894–1974 年）是**近代数寄屋**的开创者。所谓“近代数寄屋”，是指**融合了现代主义建筑要素**的数寄屋建筑。那么具体来说有什么不同呢？

在近代数寄屋诞生以前，直线状的素材数量庞大。柱子构成垂直线条，长押、鸭居以及顶棚的竿缘[㊀]则呈水平排列，构成了数寄屋中繁复的空间。

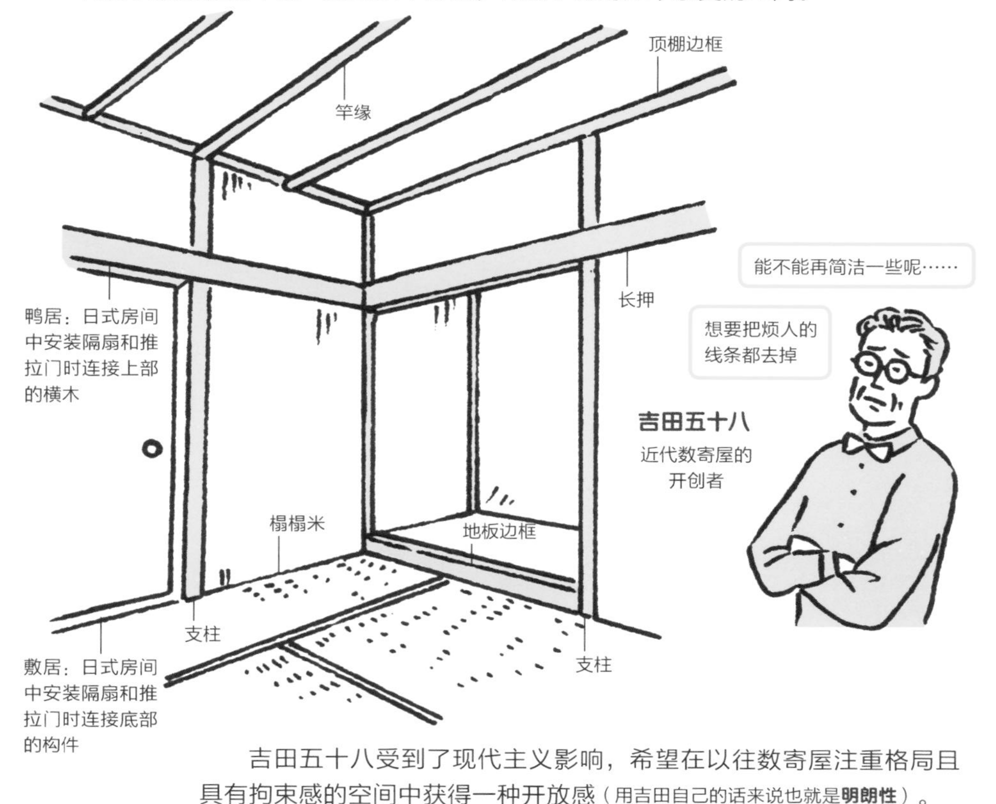

吉田五十八受到了现代主义影响，希望在以往数寄屋注重格局且具有拘束感的空间中获得一种开放感（用吉田自己的话来说也就是**明朗性**）。

㊀ 竿缘：天花板表面若干等分处所压枋称为“竿缘”。

于是吉田五十八开始思考。

尽可能地减少线条，构成完整平面

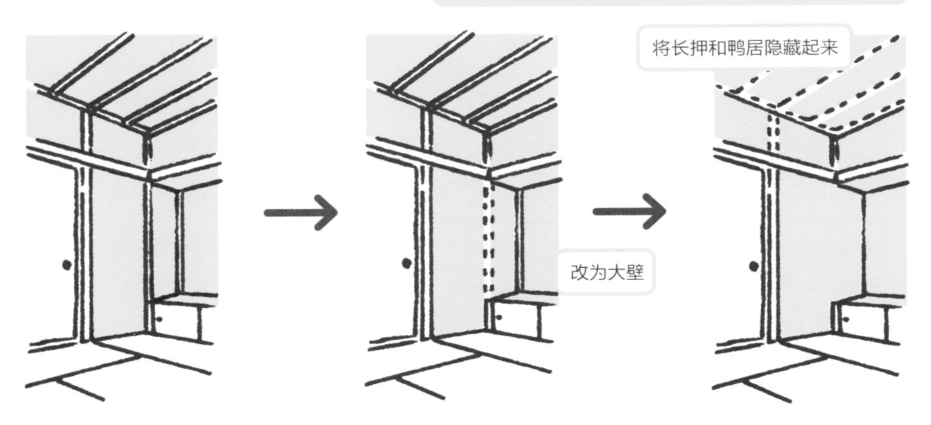

吉田选择大幅减少柱子或长押一类的材料，以避免平面被线段分割。**从线条到平面**的构成给空间带来开放感，甚至可以说呈现出了一种无穷的样式（使人产生无限遐想）。

尽管“**柱的呈现**”曾是数寄屋的重中之重，但对于吉田五十八来说，柱子也只属于表现手法的一类，并不一定要遵从结构需求。

就这样，经由**近代数寄屋的诞生**，传统数寄屋与现代主义建筑完美融合了。进展如此顺利的理由或许就在于数寄屋本身的特性，与现代主义建筑以线面分割为中心的几何学构成并不相互抵触。

近代数寄屋的影响十分广泛，也被后来人纷纷效仿，可见其魅力之大。在任何时候，如果想要**消除外露的柱子**，以创造出柔和的空间，近代数寄屋的手法都还可以说是十分有效的。

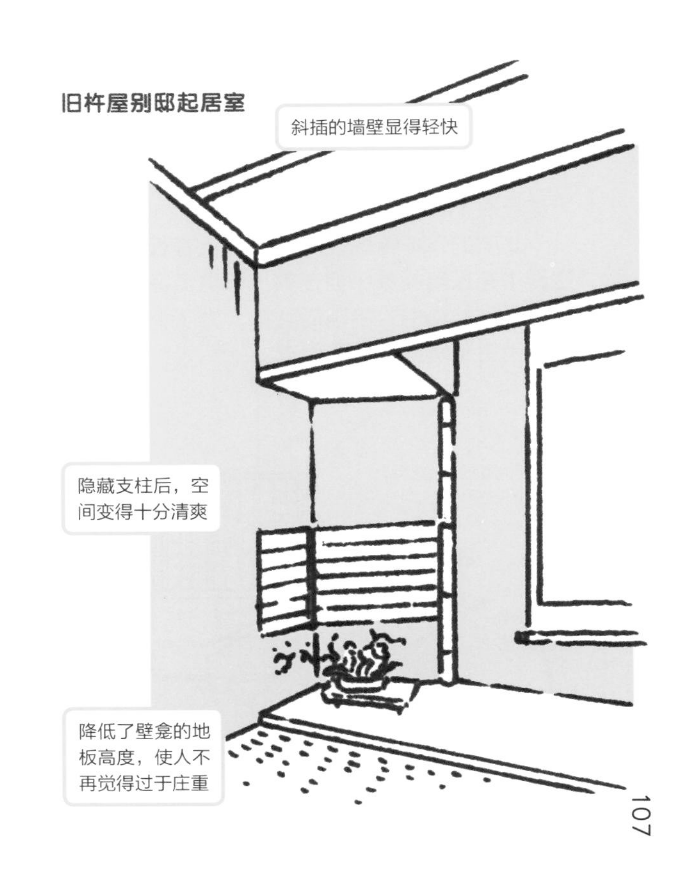

46 **轴对称**的木结构现代主义

前川国男自宅（1942 年）

相关·笔记 现代主义建筑，柯布西耶，雷蒙德

设计者 前川国男

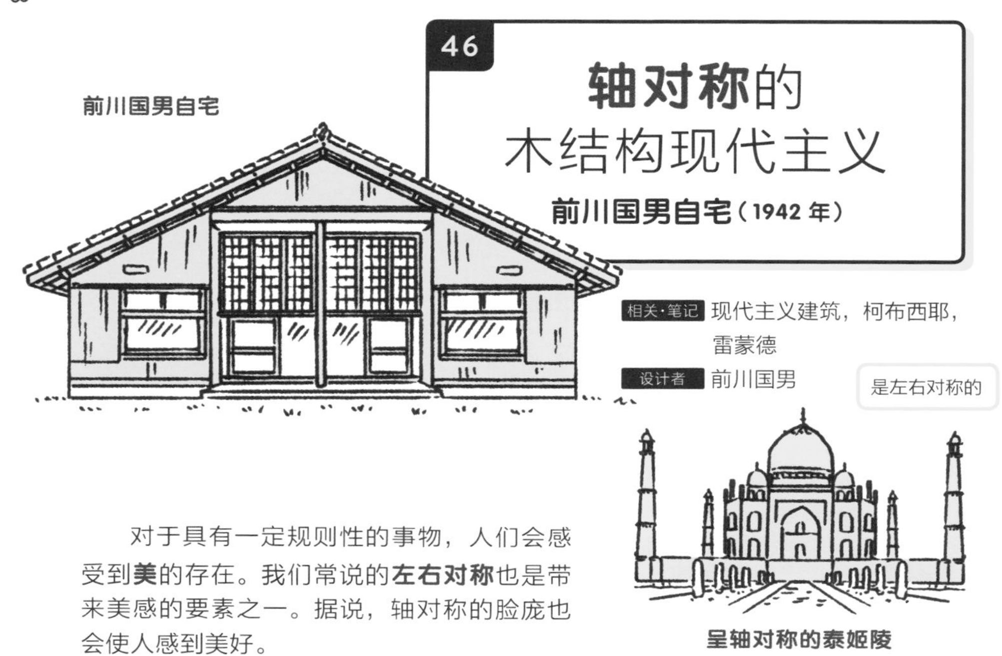

呈轴对称的泰姬陵

对于具有一定规则性的事物，人们会感受到**美**的存在。我们常说的**左右对称**也是带来美感的要素之一。据说，轴对称的脸庞也会使人感到美好。

建筑师**前川国男**（1905–1986 年。师从于柯布西耶和雷蒙德的日本现代主义先驱）设计的**自宅**作为**木结构现代主义的杰作**闻名于世，也是一座轴对称的建筑。为什么称其为杰作呢？这是因为，即便在当时建筑材料极难获得的战时体制下，这一作品仍然大量汲取了**现代主义建筑**的要素！

此前的日本传统住宅，墙壁上有**长押**，顶棚四周围有**边框**，再加上**立柱**……**空间中充斥着线条**。但在前川国男自宅中，起居室的两面墙壁和顶棚完全使用了现代主义的纯白，简洁而纯粹。为了整体和谐**抹去不必要的线条**（参照 45），这也是现代主义建筑的惯用手法。

对于**面的合理分割**，也是现代主义的要素之一。如果从另一个方向观察起居室，可以看到门扇、窗框、立柱、二楼兼作饰架的扶手以及支撑地板的梁架，形成了十分平衡的构图。

以**伊势神宫**的**栋持柱**为范本，宅邸正面的中央竖立着一根独立支柱，同时形成了类似于**半外部空间**的部分。受到当时物资管控的影响，柱子竟然是使用电线杆制成的！没有采用现代主义特有的平屋顶，也是考虑到**战争时期**的历史情况。

考虑到**前川国男自宅所处**的特殊时期，建造更为传统的日式住宅其实更容易。但是，前川并没有这样做，而是积极运用积攒的学识与经验，完成了木结构现代主义的杰作。建筑往往受到时代、相关人士、环境、施工、素材、法规等方面的诸多限制，但如果没有限制，或许建筑也就失去了趣味。正是在诸多难题和种种限制之下诞生的作品，才可能被称为杰作。

现代

户冢四丁目公寓

47 DK（餐厨一体）的诞生

户冢四丁目公寓（1951 年）

相关·笔记 狭小住宅，“田”字形平面

设计者 [公营住宅 51C 型理论者] 西山卯三
[公营住宅 51C 型设计者] 吉武泰水

我回来了！

想象一下，假如你的卧室还兼作厨房和起居室，生活会产生怎样的变化。污垢、噪声、光线、生活时间的不一致……这样的空间好像会带来不少麻烦。

但战后的那段时间，人们并没有可以挑三拣四的优哉心情。

在当时，**住宅紧缺**，需要住宅的户数竟然达到 **450 万**之多。城市中不少人生活在临时搭建的棚屋里。

还不到两块榻榻米大小！

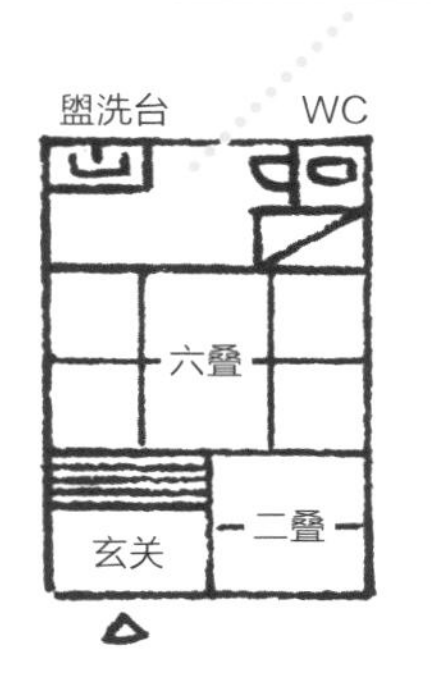

吉武泰水
建筑学家。
日本建筑设计学创始人

外墙用木板或是铁皮搭建

棚屋

面对这样的状况，时任东京大学副教授的**吉武泰水**（1916–2003 年）认为“必须设法改善居住环境”。

注：本书中提到的“战后”，均是指第二次世界大战后。

京都大学副教授**西山卯三**（1911–1994 年），从 1935 年左右就开始对大阪长屋展开了详细调查，不久后，他有了一项发现，那就是无论住宅多么狭小，人们依然十分看重用餐空间的设置（1941 年作为论文发表于《建筑杂志》）。

咦，本可以实现 6 叠+5 叠的空间布局，却不惜牺牲房间面积也要特意分出餐厅……

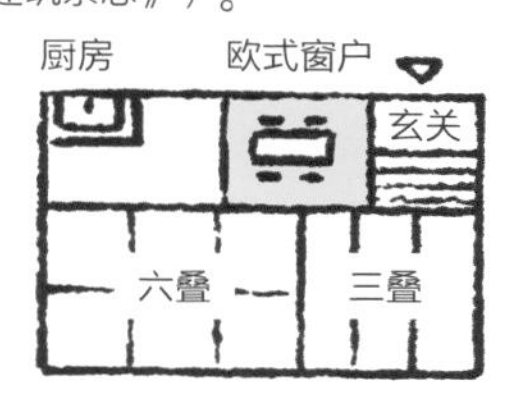

看来两类空间的分隔是某种必然……

应该倡导用餐空间与卧室的相互独立，就将其命名为——**食寝分离**！

把被子叠好收进壁橱，在同一个空间里拿出矮脚饭桌用餐，甚至有时还兼作待客的客厅，**日本这种灵活多变的空间使用方法**，可以说是一半正确一半错误。

“正是在狭窄的平民住宅，**饮食和睡眠的分离才尤为重要**”，对于西山的这一理论吉武也有所耳闻。而在 1950 年，他获得了一次实践的机会，那就是**公营住宅设计方针的制定**工作（仍是在尽量缩小面积的前提下）。

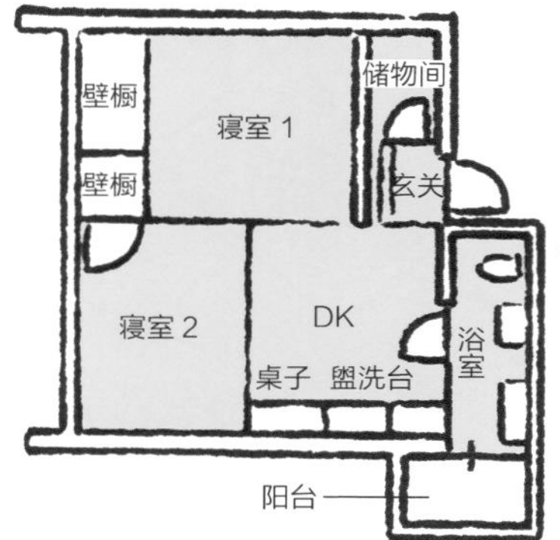

经过几轮方案的研究探讨，**51C 型**方案（1950.11.20）出炉了！面积共计 39.00m^2（约 11.8 坪），厨房和餐厅首次实现了合并，**DK（餐厨一体）**随之诞生。

桌和椅的使用对这一设计的诞生做出了巨大贡献……

不锈钢厨房当然也功不可没！

就这样，将厨房和餐厅一体化的 DK 空间，作为战后复兴的象征迅速普及开来。在令人憧憬的同时，这一空间形式也不断经历打磨，直到连起居室也合并为一，这种被称为 **LDK** 的空间一直延续到今天。

桌和椅使人与人间的视线高度比以前更为接近，也更为亲切

家庭主妇们更是喜出望外。在那之前，厨房大多在北面，狭窄且潮湿……来到南侧之后，变得开阔、明亮、整洁干净！

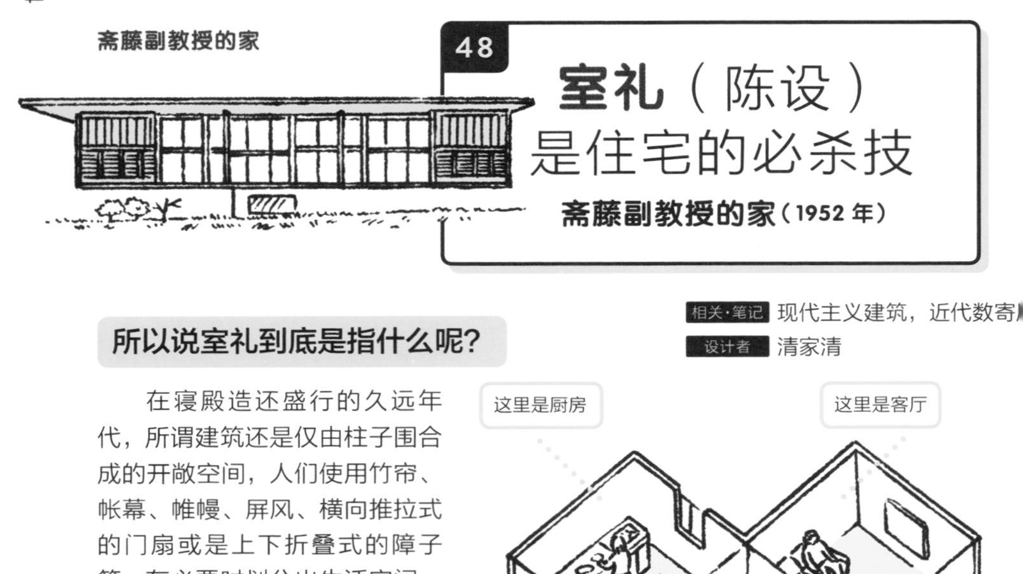

48

室礼（陈设）是住宅的必杀技

斋藤副教授的家（1952 年）

相关·笔记 现代主义建筑，近代数寄

设计者 清家清

所以说室礼到底是指什么呢？

在寝殿造还盛行的久远年代，所谓建筑还是仅由柱子围合成的开敞空间，人们使用竹帘、帐幕、帷幔、屏风、横向推拉式的门扇或是上下折叠式的障子等，在必要时划分出生活空间，或是赋予场所以仪式感。

在西方，每个房间的用途、摆放的物品都有严格规定，使用方法据说也是一脉相承。

这里是餐厅

将室礼的想法应用其中

拉门既是出入口也是隔墙。展开就形成独立的房间

装饰架也作为传统的壁龛装点空间

在空间中融入日本传统的室礼，就会产生多种多样的可能性。

草茎编织的榻榻米，可以自由移动

檐廊也拥有室内一般的空间体验

敞开门窗，就可以尽情享受庭院的氛围

并非是使用桌椅就不属于**室礼**、使用推拉式窗扇就属于室礼，判断是否是室礼的界限并不那么确切。这是因为……

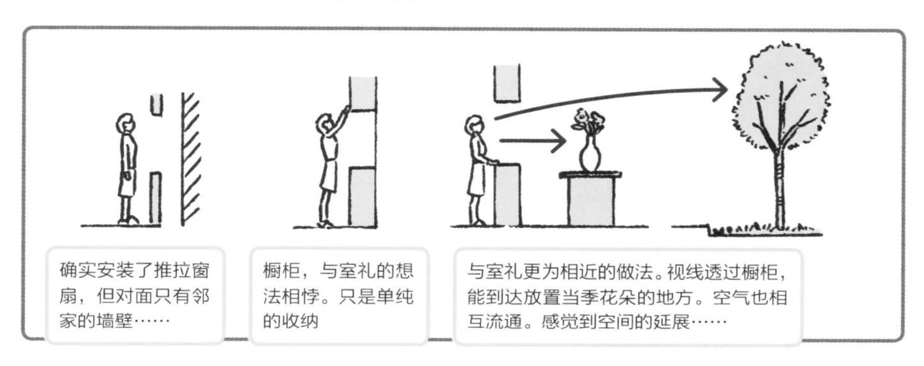

可见，使空间的性质能够随用途、生活方式和四周环境而改变，这才是室礼的精髓所在，日本的推拉门以及可移动式家具，则恰好与之相契合。

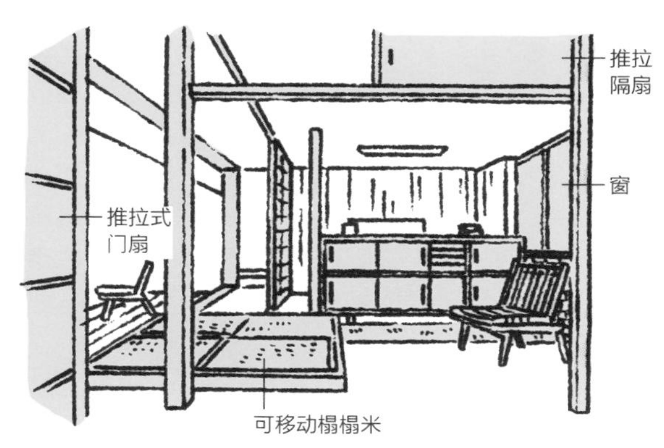

斋藤副教授的家建成于战后不久，设计在与时俱进的前卫住宅中引入了室礼，仅是这一点就已经足够标新立异。

德国建筑师**瓦尔特·格罗皮乌斯**（包豪斯第一任校长。现代主义建筑的开创者之一）来到日本时，甚至称之为“**日本传统与现代建筑的圆满结合**”。

现代性相关要点

顶棚十分平坦，与门框无缝衔接

门窗特意避让了柱子（一般是与柱子直接相连）

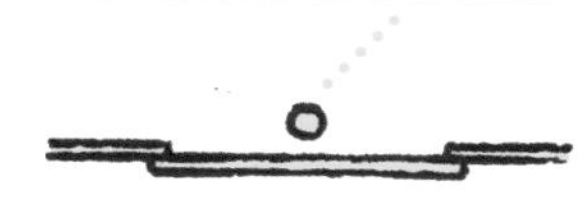

因金属板的普及，平缓的斜屋顶得以实现

在融入室礼的住宅中，能够享受到四季不同的自然氛围，能够根据活动进行完全不同的装点，能够与居住者的喜好相呼应，也能够使日常生活变得更为喜悦和充实。

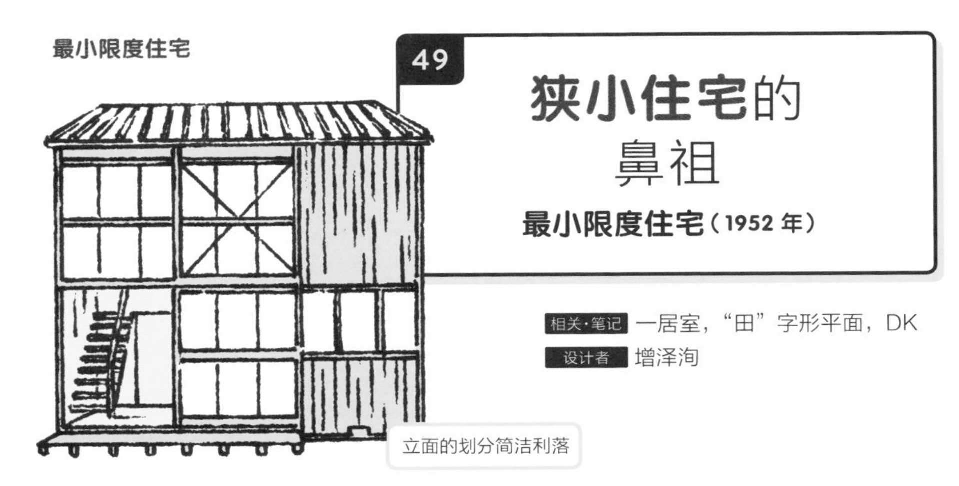

49 狭小住宅的鼻祖

最小限度住宅（1952 年）

相关·笔记 一居室，“田”字形平面，DK

设计者 增泽洵

住宅的最佳面积是多少呢?

最小限度住宅（**增泽自宅**）竣工于 1952 年，被认为是狭小住宅的杰作。建设的契机是**增泽洵**（1925–1990 年。师从安东尼 · 雷蒙德）得到住宅金融公库的补助一事。当时是战后不久，物质资源极度匮乏，法律也规定，**建筑面积不得超过 15 坪**（**约 50m²**）（1950 年解除限制）。

这所住宅正是增泽冥思苦想的结果。他在平房遍地的时代仍然采用了二层建筑的形式，并且在仅 **9 坪**（**约 30m²**）的范围内设置了整整 **3 坪**（**约 10m²**）**大小的通高空间**。此外，结构材料外露的方式减少了不必要的加工，也起到了节约成本的作用。

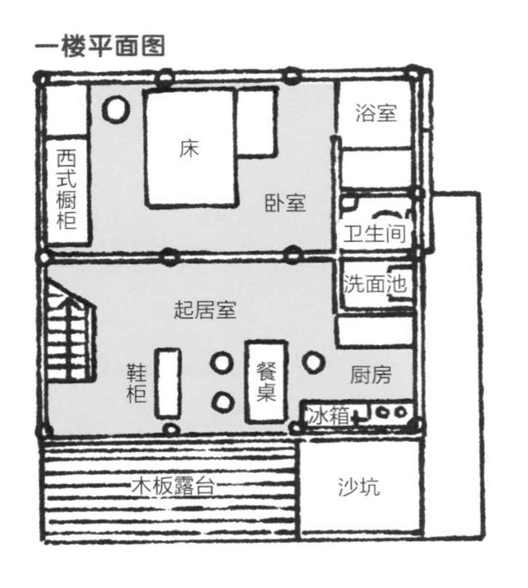

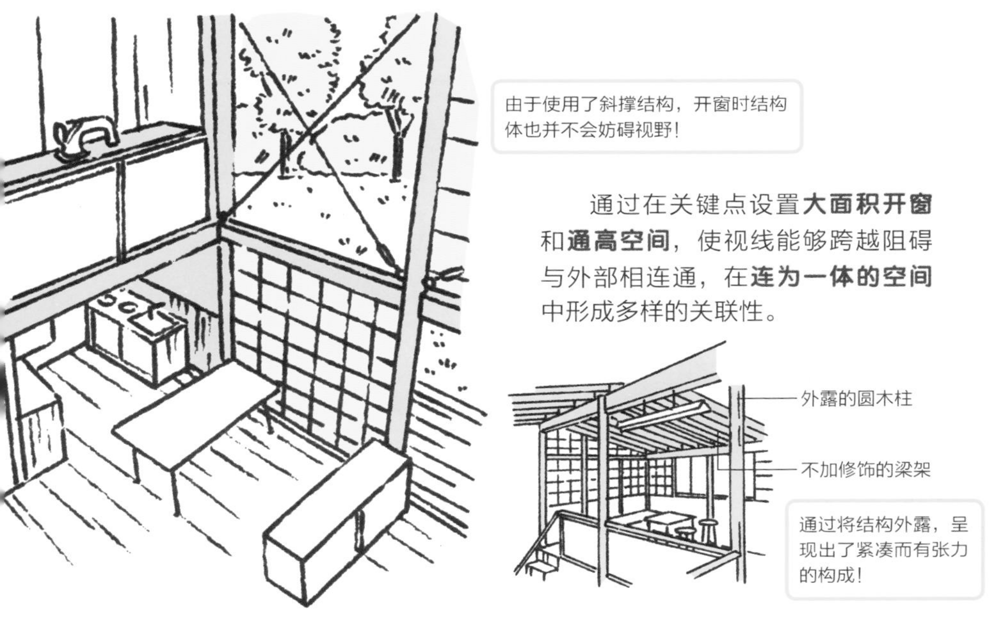

通过在关键点设置**大面积开窗**和**通高空间**，使视线能够跨越阻碍与外部相连通，在**连为一体的空间**中形成多样的关联性。

尽管内部空间狭小，**最小限度住宅**却经受住了此后一系列的用途变更和改建过程。由此可见，只要建造好最小限度的坚固骨架，住宅就足以灵活应对生活的变化。

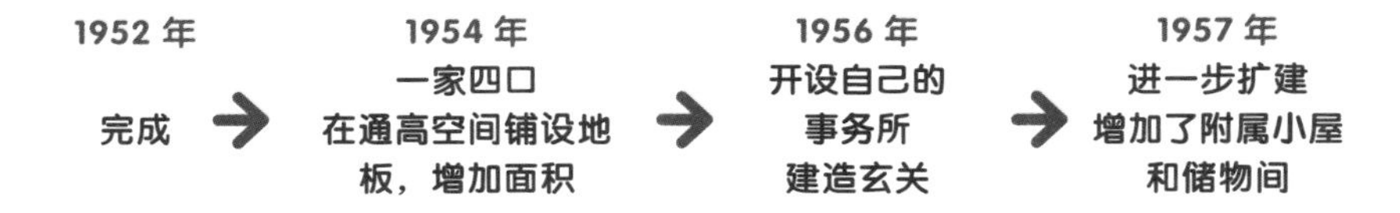

在最小限度住宅中没有走廊。这在传统的民居或是 51C 型平面（参照 47）中也是如出一辙。

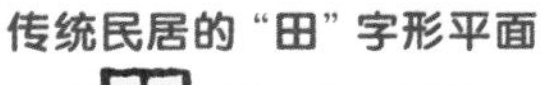

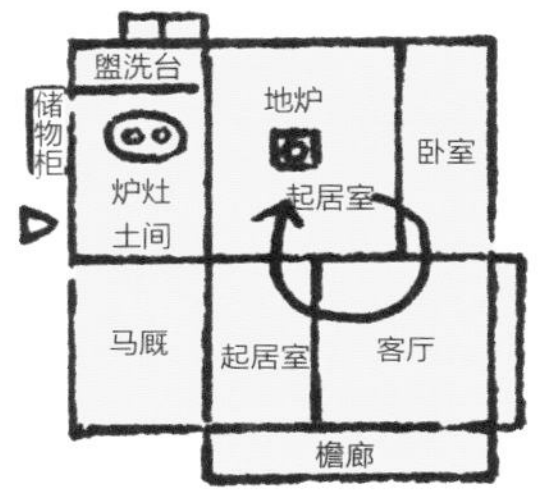

51C 型（公共住宅）的"田"字形平面

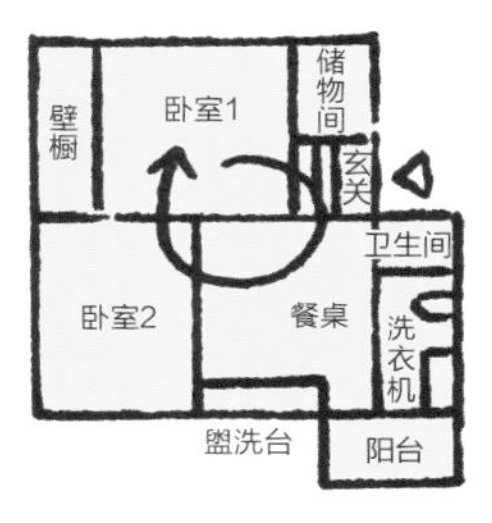

为了最大限度地利用有限的面积，减少走廊并除去墙壁的做法效率极高，能够获得更为广阔的空间

在面积受限的情况下，这一住宅既满足了功能需求，也通过紧凑的布局创造出了丰富的空间体验。**9 坪**的面积可以说是重点之一。设计时，如果面对只有 9 坪的空间，可能自然会意识到对住宅来讲什么才是真正需要的。

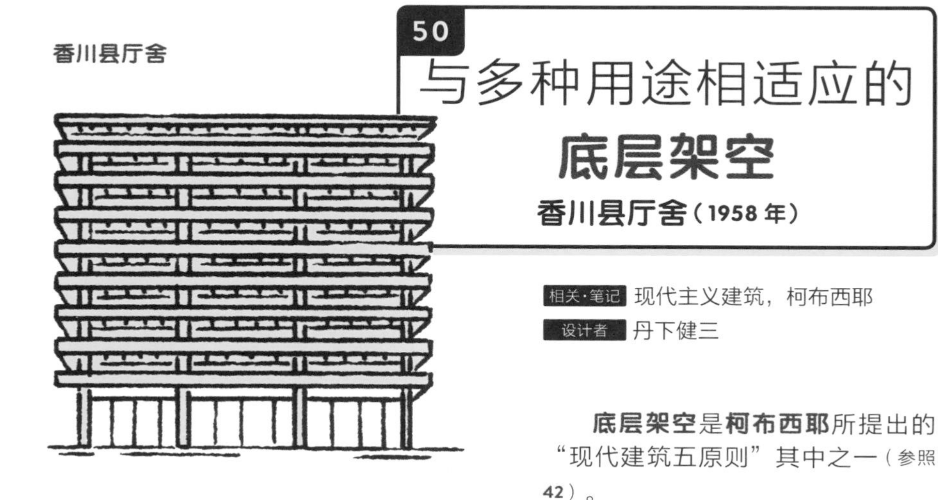

50 与多种用途相适应的底层架空

香川县厅舍（1958年）

相关·笔记 现代主义建筑，柯布西耶

设计者 丹下健三

底层架空是**柯布西耶**所提出的“现代建筑五原则”其中之一（参照42）。

在那之前的西方建筑由于被厚重的墙壁包裹，阴暗且封闭，功能上也没有灵活性可言。于是，柯布西耶选择了除去墙壁。

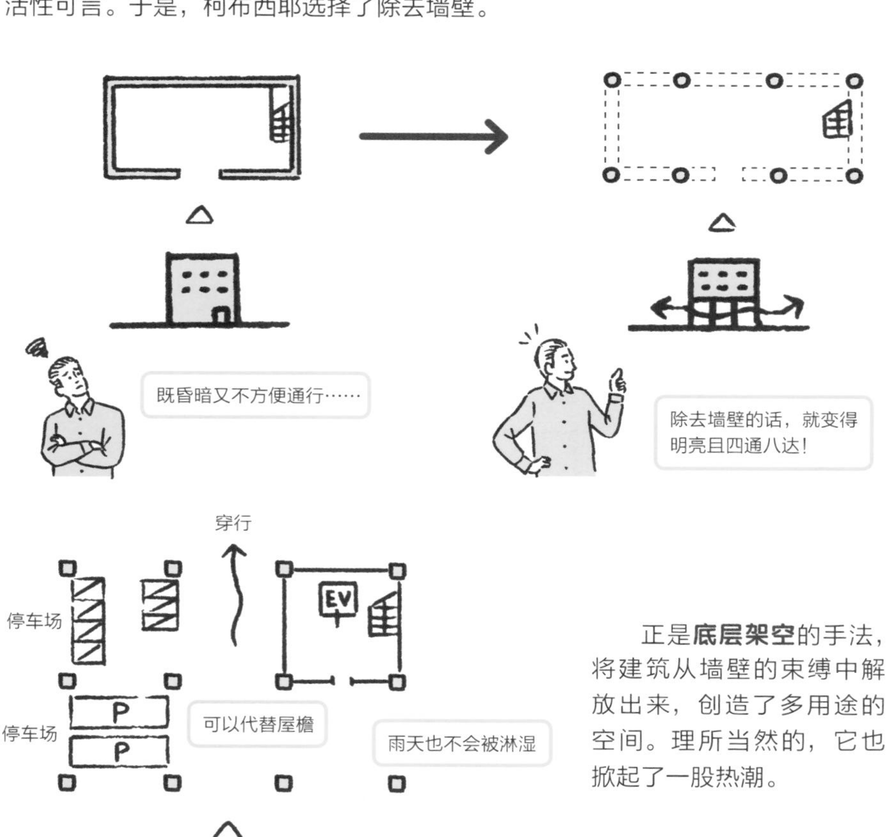

正是**底层架空**的手法，将建筑从墙壁的束缚中解放出来，创造了多用途的空间。理所当然的，它也掀起了一股热潮。

香川县厅舍的底层架空　　　　熊野神社长床（镰仓）

但事实上，与这种极富魅力的空间形式相类似的结构从很早以前日本就有了。例如**熊野神社**中四周明柱无墙的空间，除参拜以外也可以用作其他的相关仪式。

关上门窗时　　　　取下门窗时

这也确实在情理之中。本来**适应多种用途的空间**才是日本建筑的本质。

与美国等国相比较，正因为日本用地面积狭小，底层架空才愈发能够物尽其用。

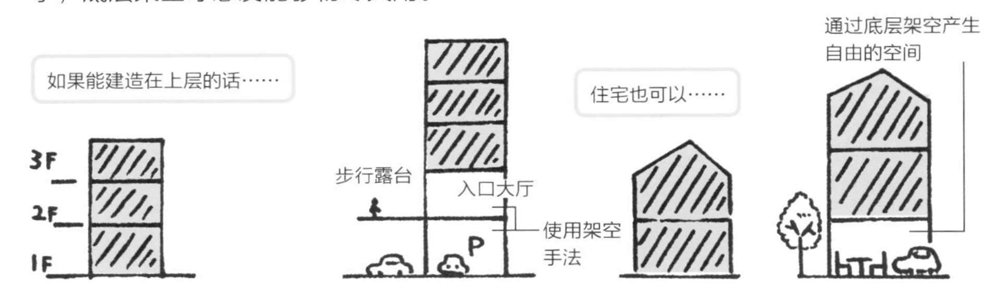

底层架空的空间透光、通风，极具开放感，能够对应多种多样的需求，想必今后也会在各类建筑中大显身手吧。

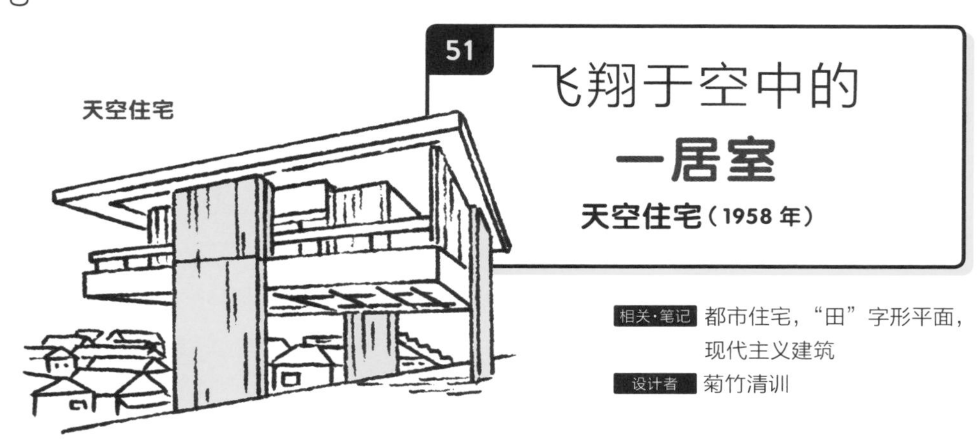

51

飞翔于空中的一居室

天空住宅（1958 年）

相关·笔记 都市住宅，“田”字形平面，现代主义建筑

设计者 菊竹清训

如果家中**只有一个房间**的话，各位会追求什么呢？

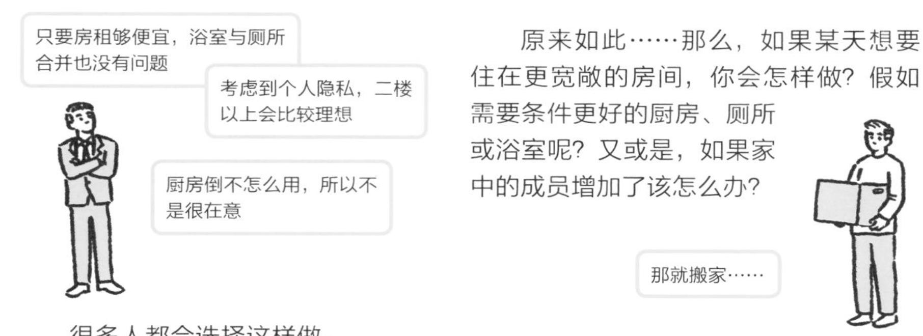

原来如此……那么，如果某天想要住在更宽敞的房间，你会怎样做？假如需要条件更好的厨房、厕所或浴室呢？又或是，如果家中的成员增加了该怎么办？

很多人都会选择这样做。

但是，建筑师**菊竹清训**（1928–2011 年。在战后与丹下健三共同引领日本建筑的发展）所设计的自宅——天空住宅，将这类固有观念完全推翻了。仅仅在一个房间之内，却可以根据家族构成的变化而改变空间划分，还拥有可**重置**的厨房、浴室、厕所以及儿童房。建筑里似乎藏着魔法！

天空住宅 平面图

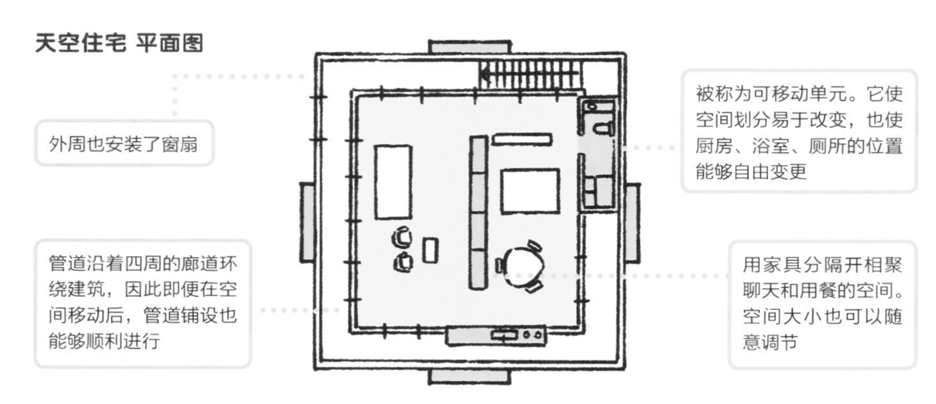

菊竹出生在久留米市极有权势的地主家庭。在晚年的采访中，菊竹答道：“这座建筑也是对战后 GHQ [㊀]夺去土地（地主制度解体）的一次抗议。”是的。天空住宅之所以**浮在半空**，正是为了在大地以外**寻求新的空间**。

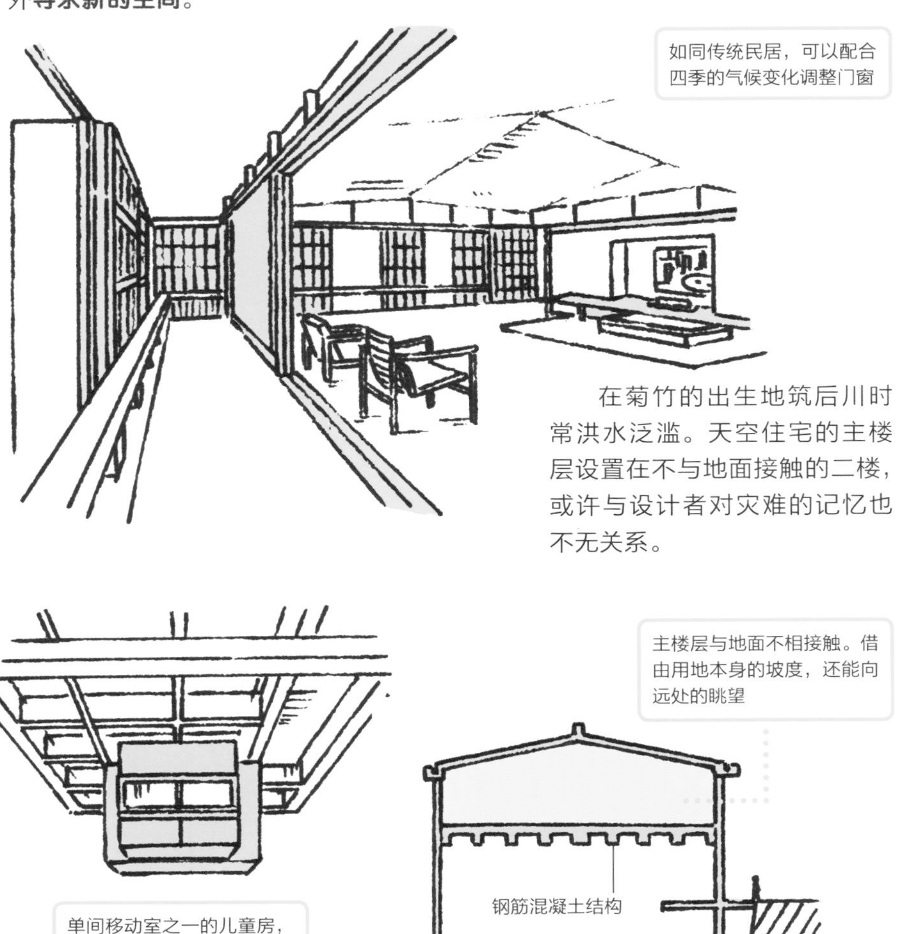

在菊竹的出生地筑后川时常洪水泛滥。天空住宅的主楼层设置在不与地面接触的二楼，或许与设计者对灾难的记忆也不无关系。

天空住宅给海内外建筑界带来了强烈冲击，也受到了广泛好评。这正是因为，在将**日本传统的居住方式与现代主义建筑**相融合时，菊川采用了极其明快简洁却又出人意表的手法。与此同时也可以看出，曾经的体验、记忆和成长环境，也会对建筑师的作品产生不小的影响。

㊀ GHQ：驻日盟军总司令部。

52 能够亲身体会**模数理论**的美术馆

国立西洋美术馆（1959 年）

相关·笔记 现代主义建筑，底层架空

设计者 勒·柯布西耶

勒·柯布西耶是 20 世纪现代主义代表性的建筑师。他追求合乎理性、忠于功能且简洁明快的设计原理，给整个世界带来了巨大的影响。在他的弟子中也是人才辈出，有日本建筑师包括**前川国男**（参照 **46**）和**坂仓准三**（1901–1969 年，巴黎世博会日本馆是其代表作品）等。他所提出的建筑理论中，除了如雷贯耳的“现代建筑五原则”，还有一套被称为**模数理论**的自创**尺寸体系**。

逐渐成为世界标准的米制计量并非来源于人体，这一趋势令柯布西耶感到担忧。他因此提出了一套源自人体和自然的尺寸体系，类似的做法在**古典建筑**中也可以看到。以理想化的成年男性身高 183cm 为基准，按黄金比例分割后的 113cm 恰好相当于**肚脐的高度**，而其倍数 226cm 则是**抬起手后的高度**。柯布西耶注意到了这一点，并以**斐波纳契数列**（前两个数值之和作为下一个数值的数列）的规则，创建了两套数列。

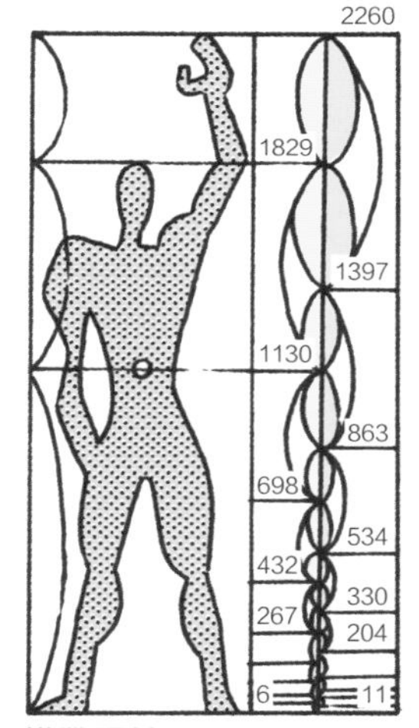

模数理论

柯布西耶采用分别从 6 和 11 开始的两列斐波纳契数列，构成了模数理论

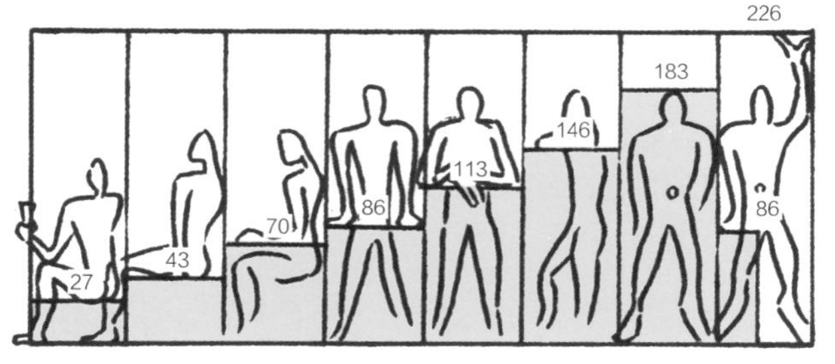

运用**模数理论**得到的各项数值，柯布西耶决定了建筑**各个部位的尺寸**。

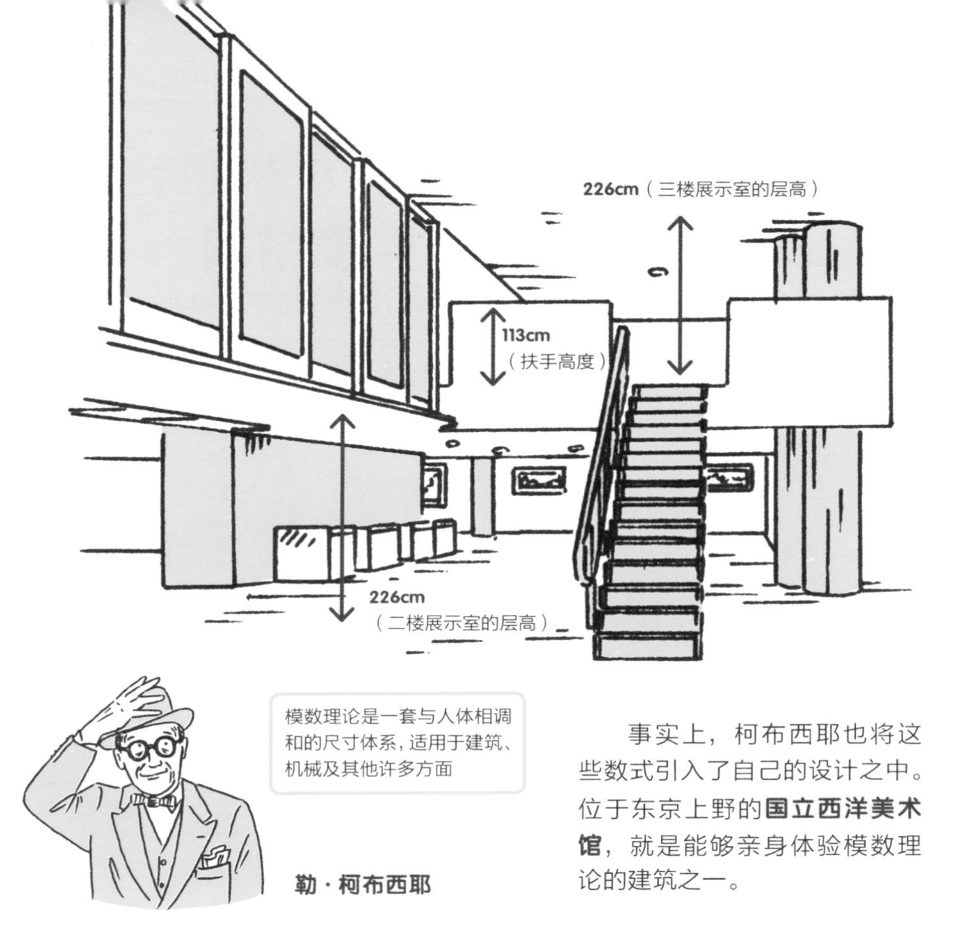

事实上，柯布西耶也将这些数式引入了自己的设计之中。位于东京上野的**国立西洋美术馆**，就是能够亲身体验模数理论的建筑之一。

国立西洋美术馆是在 1955 年经由日本政府的委托，由**柯布西耶**所设计。立柱以 635cm 的间隔均等排列，较为低矮的二楼展示室，以及二楼与三楼间夹层的层高都是 **226cm**，露台的扶手的高度则是 **113cm**。像这样，建筑物的很大一部分都采用了**模数理论**中的尺寸。包括外部的百叶窗般的立面以及外墙板材的分割也运用了这一理论。

听到“层高 226cm”，我们可能会直觉性地判断太过低矮压抑，但实际来到展示室时，却并没有想象中的压迫感，反而体会到一种能够凝神集中于展示品的安定感受。此外，展示室与明亮开放的通高部分相邻，通过这一层对比突出了各个空间的个性，也使参观者能够享受这份差异带来的乐趣。

在这里，可以亲身体会到勒·柯布西耶所追求的理想空间，即充满生命力且“**与人之本性相符合**”**的建筑空间**。

53

与日本传统相融合的悬索结构

国立代代木竞技场（1964 年）

在 1964 年的**东京奥运会**上，日本战后令人瞠目的复兴成果给国际社会留下了深刻印象。

现代主义建筑，东京奥运会，香川县厅舍

设计者 丹下健三

国立代代木竞技场

日本建筑也借由一件作品的完工，跻身于世界最高水平。这就是**丹下健三**（1913–2005 年。参与了众多国家级别项目，是日本引以为豪的“属于世界的丹下”）所设计的**国立代代木竞技场**。究竟是什么让世界对其刮目相看呢？

不论建筑变高还是变大，其**基本原理**都是相通的。

但是，当踏入这座竞技场时，这一想法就会受到冲击。

眼前出现的是一个**巨大的空间**，可以容纳所有选手和几万名前来观看比赛的观众，却**看不到一根柱子**介于其中。

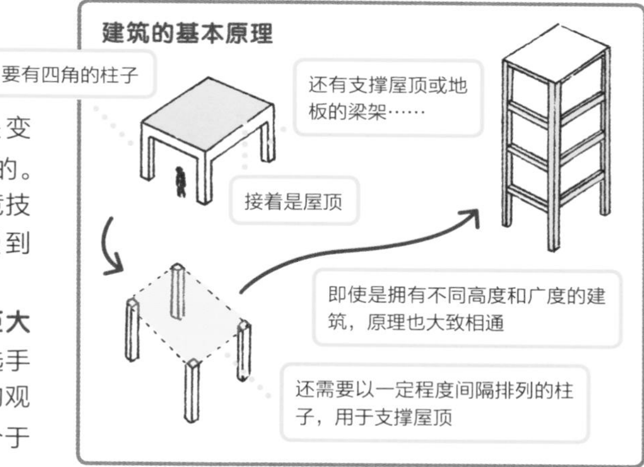

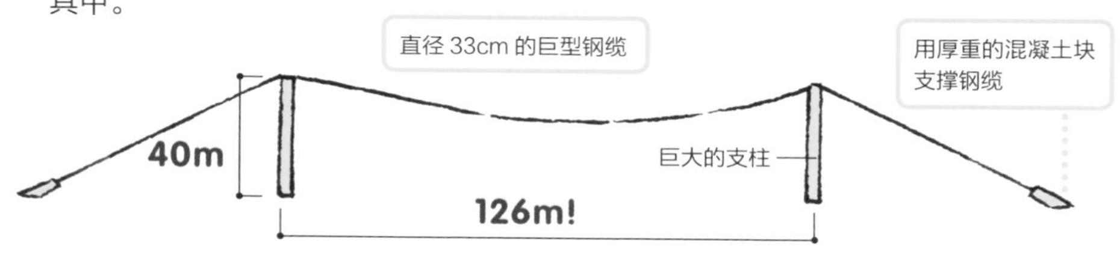

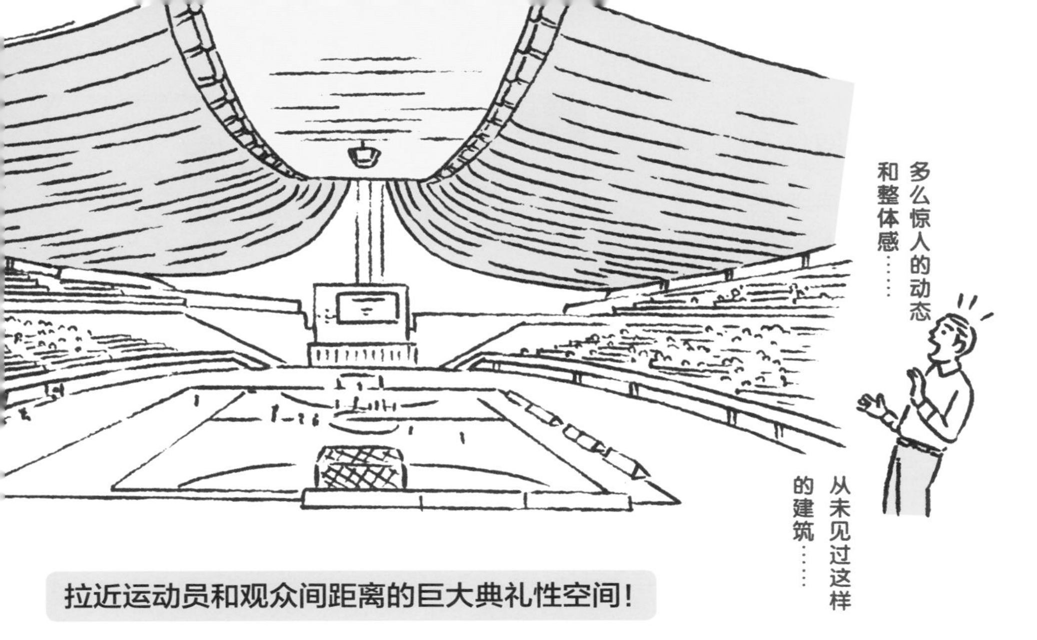

拉近运动员和观众间距离的巨大典礼性空间！

丹下认为，为了消除运动员和观众间的隔阂，**支柱应当被摒弃**。实现这个空间的是**半刚性悬索结构系统**。除此之外，日本的传统元素也融入了这座建筑的各个方面，这一点受到世人高度评价。**现代主义**在 1930 年左右传入日本，经过持续的演变以及日本传统元素的融入，在代代木竞技场到达了**一个巅峰**。被建筑形态所驱动的现代主义建筑，在此营造了震颤人心的庄严氛围。可以说这正是建筑的力量。丹下是**世界上最早实现**现代主义中结构表现［这在混凝土结构外露的香川县厅舍（参照 **50**）也可以瞥见一斑］的一位先驱式人物。

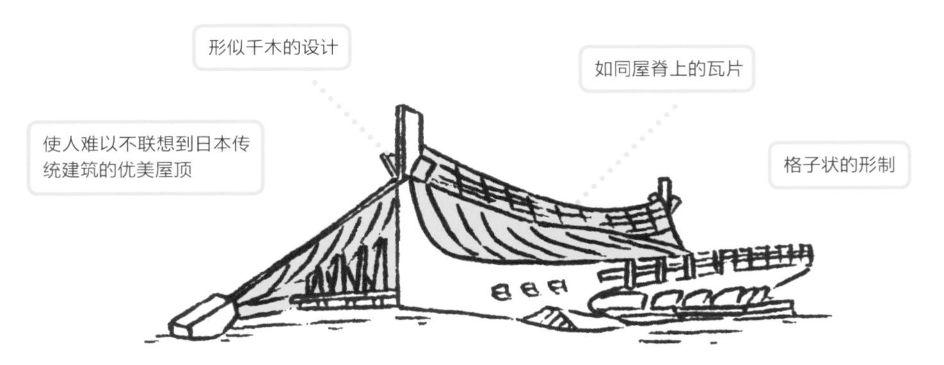

设计与施工的艰巨程度都是空前的。但是，考虑到运动员和观众的使用体验，这一方案成为丹下心中的唯一解。工作室的员工与施工人员一同回应了丹下的热切念想。在紧张的工期中，希望以建筑给人们带来感动的想法和随之产生的工作动力，支持着大家出色地完成了建设工程。在世界范围内首屈一指的这座建筑，到今天也依然保持着原本的魅力，每次参观都会被感动。

新大谷酒店

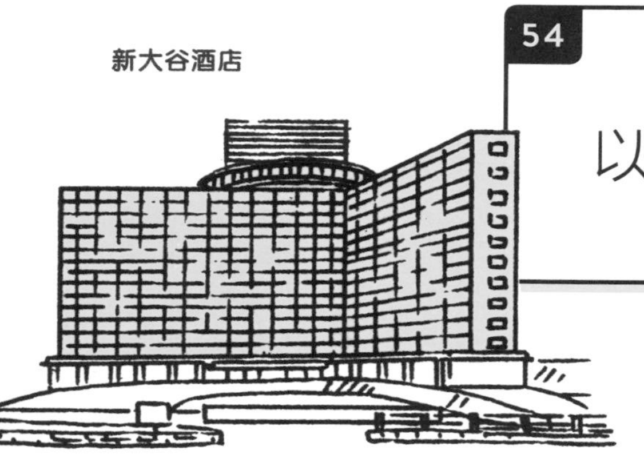

54

超高层酒店 以奥运会为契机

新大谷酒店（1964 年）

相关·笔记 东京奥运会，装配式建筑，31m 高度限制

设计者 大成建设

为赶上 1964 年的**东京奥运会**，内含 1044 间客房的大型酒店必须在 17 个月内完工！**新大谷酒店**计划自此开始。这样大规模的建设通常需要花费 3 年……可见预计工期之短已经不能按常规方法建设。更惊人的是，据说整个工程开工时提供的图纸仅一张平面图。因此，为实现工期的大幅缩减，建设者灵活运用了当时最先进的技术和施工方法。就让我们来详细说一说。

高层酒店还几乎没有先例！

当时的东京，建筑物**高度**很长一段时间被限制在 **31m 以下**（百尺规制）。如果使用传统的施工方法，在法律上不会被认可（抗震能力弱）。但是，随着灵活吸收地震荷载的**崭新抗震思路**（**柔性结构理论**）出现，法律上的问题也被完美解决了。

刚性结构

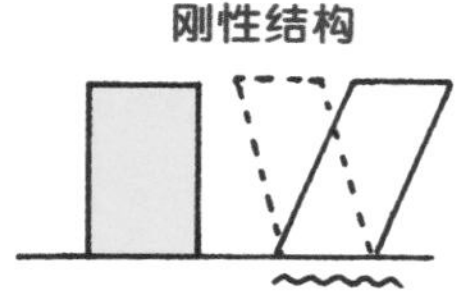

构造体直接承受地震荷载

柔性结构

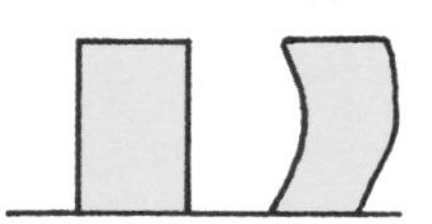

构造体灵活吸收地震荷载

铝面板幕墙

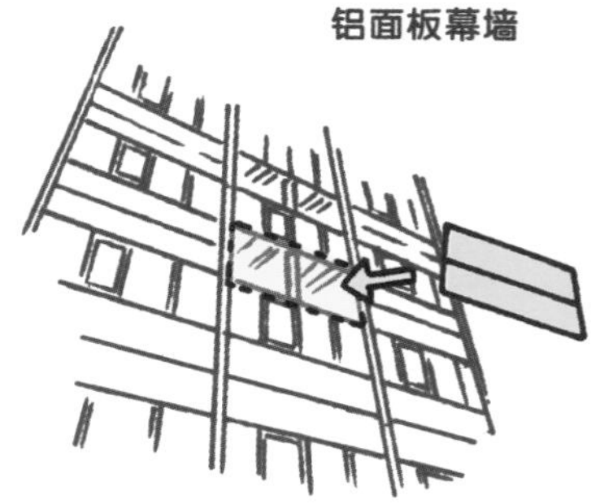

为了建设高层建筑，建筑体自身必须实现**轻量化**。因此，**外墙**采用**铝面板**代替混凝土，进行了**幕墙**施工。这一做法在如今已十分常见，铝面板不仅能够实现建筑物的轻量化，地震时也能随着建筑物形态的变动而变动，从而减少形变对建筑的影响。这在当年是一次划时代的尝试。

日本首次应用集成卫浴！

为缩短工期，**浴室工程的效率化和轻量化**不可或缺。因此，**预先在工厂进行生产加工，而后在现场组装**的“半装配式集成卫浴”出现了。

为了便于搬运，使用上下分层的构造

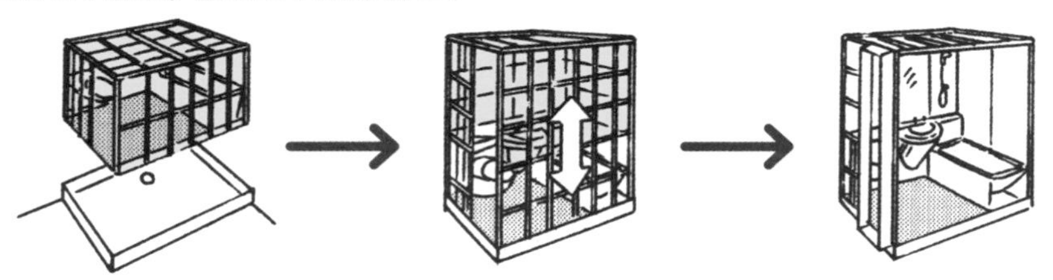

在工厂里分别组装带有器具和给水排水管道的腰架与上部壁架

首先安装不锈钢制防水托盘作为承托，再于其上安装腰架，接着设置上部壁架

最后作为收尾装上壁板、门扇、器具类，即安装完成

浴缸和洗面台使用的材料并非陶瓷，而是 **FRP（纤维强化塑料）**。原本超过2t的浴室通过这种方法减轻到了730kg左右，实现了约1/3的减重！与此同时，地板却仍旧采用一直以来所惯用的瓷砖铺设，以避免给使用者带来不安。就这样，仅仅耗时**两个月**，集成卫浴的安装工程就大功告成。而这时采用的想法则成为**集成卫浴的原型**，一直继承到今天。

旋转餐厅其实是“炮台”餐厅！

滚柱轴承原本是应用在旋转炮塔上的技术

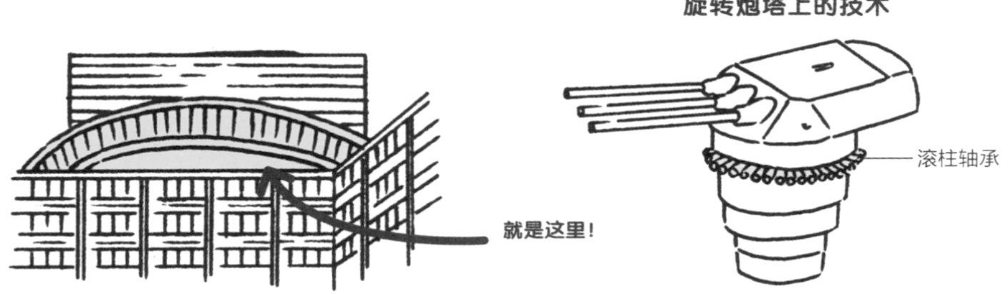

新大谷酒店标志性的**旋转餐厅**，回应了客户所提出的要求：“最上层要加上日本第一的旋转大厅。”为了实现旋转时连杯中的水都不晃动的平滑程度，大厅的旋转台应用了**战舰大和号主炮台的相关技术**，旋转盘下共加入了 120 个**滚柱轴承**。

架设于九层大楼之上的**百米高塔**

京都塔（1964 年）

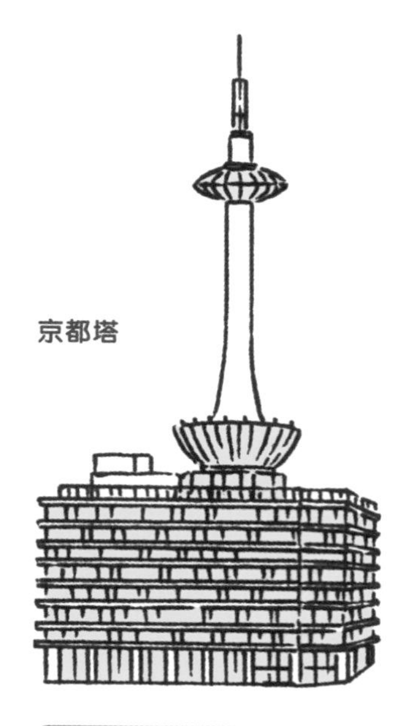

相关·笔记 超高层建筑，东京奥运会，31m 高度限制

设计者 山田守

京都塔现在已是城市中一眼可以认出的地标性建筑。“架设于九层大楼之上”的白塔，有着独特的外形。设计由建筑师**山田守**（1894–1966 年）担任。不过，设计方案并非从最初就呈现出这样的构想。

最初的方案是只建一座观光会馆，由京都的财团出资建设。之后，又被要求将其建为酒店、商店街和大浴场为一体的综合大楼，于是设计师想出了一个正好到达建筑基准法限高（31m 高度限制，参照 **54**）的方案。当时正值**东京奥运会**，各地都在建设标志性的高塔，“京都也需要一座观景塔”的想法也就应运而生，最终这座塔在 **9 层大楼的顶端落成**。高塔作为**屋顶附属设施**得到了相关的建造许可。京都塔在这一点上与其他建造于地面的高塔大不相同，独特外形也是由此而来。

使用单体壳结构进行轻量化

塔身使用了与飞机、航船类似的单体壳结构，使应力集中于外板。为了减轻钢结构总重，将厚度为 12~22mm 的圆筒形钢板等分为高 2.7m 的 4 块部件，焊接后形成圆筒，同样的圆筒纵向焊接了 23 层。

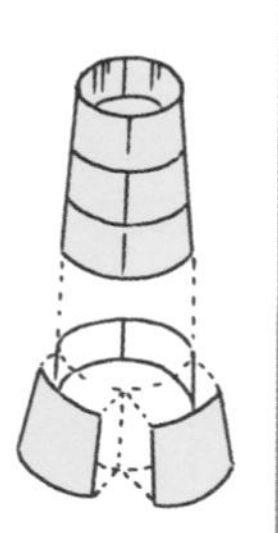

打个比方的话

与螃蟹和虾的甲壳是同样的原理

山田守

建筑师。

通信用建筑设计的先驱者

1961 年 1 月 10 日，行驶于东京站和新大阪站之间的东海道新干线开通。京都塔的塔身使用的就是与新干线 0 系动力电车相同的乳白色

京都塔距地面总高 131m，展望台设置在 100m 之处。原本的计划是在灯笼形的框架外部镶嵌曲面玻璃，但在施工中发现曲面玻璃会使看到的风景扭曲，于是改为在框架内部镶嵌平面玻璃的做法，也就是现在我们看到的展望台。现在只有在向外伸出的楼梯部分，还可以看到**曲面玻璃**的痕迹。

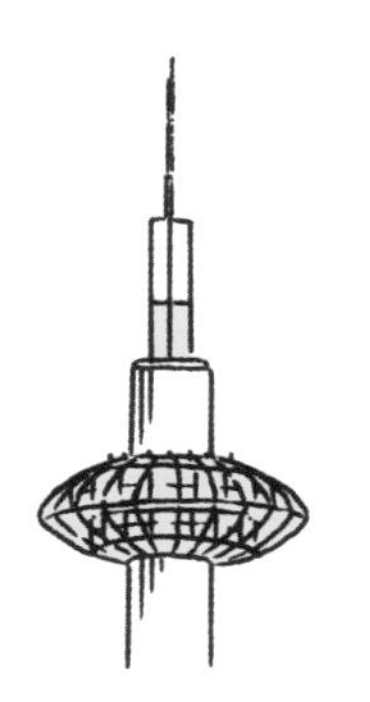

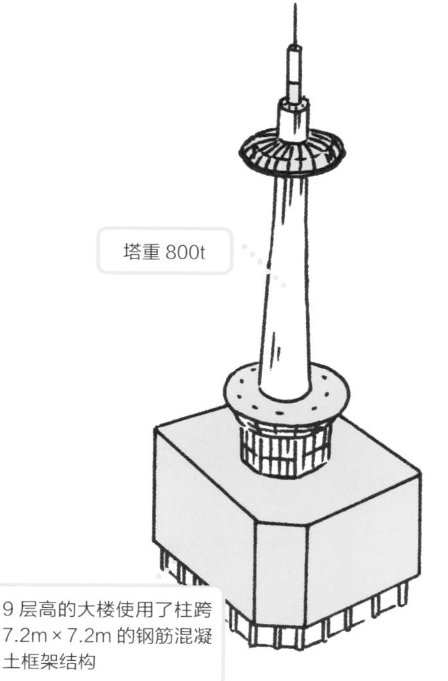

展望台中途改为了平面玻璃

那么如何在楼顶上建造100m的高塔?

解开这一谜题的关键，隐藏在塔底与其下一层的平面图中。可以看到塔底呈**八角形**，分出的**八个支撑点**直接连接在大楼的柱子上！

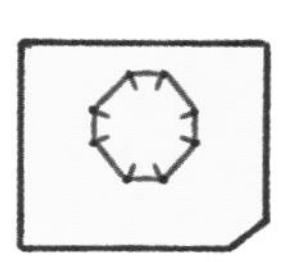
屋顶（高塔的底端）

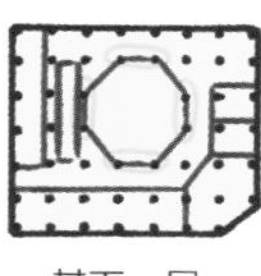
其下一层（八角形的空间）

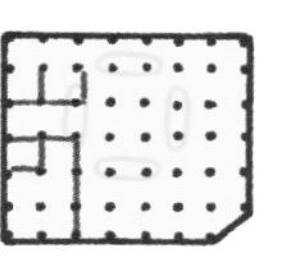
普通楼层

京都塔在建造当年，曾被批判为“自应仁之乱以来对城市最大的一次破坏”。原因在于京都曾经有一条约定俗成的规定，要求建筑高度不得超过东寺的五重塔（高 55m）。这场关于京都塔的景观争论直到现在还在继续，针对高塔的建设，当年还是反对意见偏多，但据说京都人对这座塔的好感度正在逐年上升。

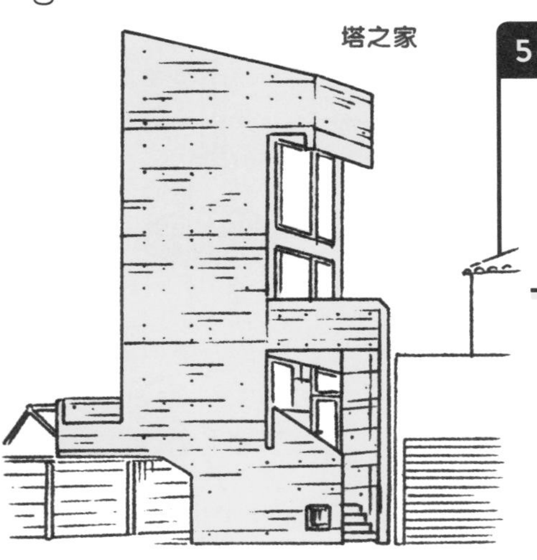

56 拓展**城市居住**形态定义的金字塔

塔之家（1966 年）

相关·笔记 清水混凝土，一居室，狭小住宅

设计者 东孝光

各位如果有一次建造自宅的机会，会选择怎样的用地呢？

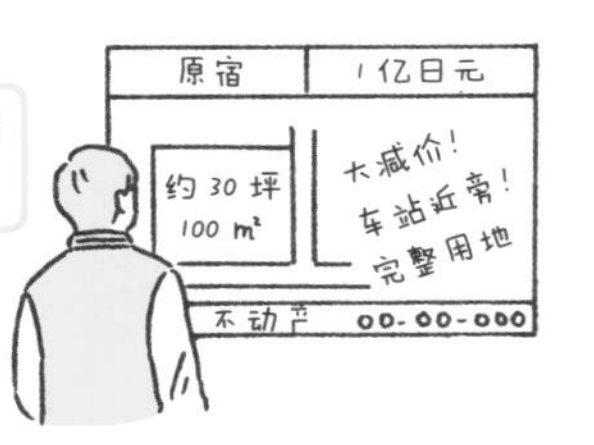

感同身受。

但是要知道，受欢迎的区域地价也会相对昂贵。

但是，不用放弃！

在这里要介绍的**塔之家**，仅占地大约 **6 坪**（20.5m²）！为了在极端狭小的用地上安家，建筑中有许多值得推敲的细节。从平面布局可以看出，**每层是一个单间**。层内也没有门窗隔断，因此一楼到五楼纵向贯通，形成了一个完整的空间。除此之外，即便空间狭窄，却仍设置了**通高空间**。

塔之家 平面图

二层

五层

一层

四层

地下一层

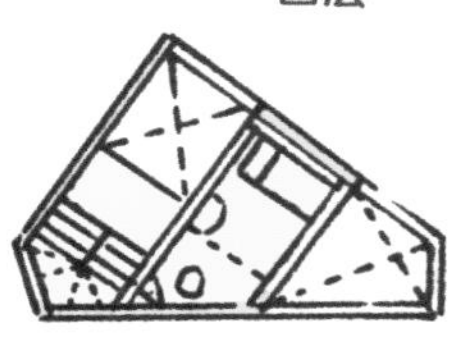

三层

通高空间

是设计中的亮点之一！

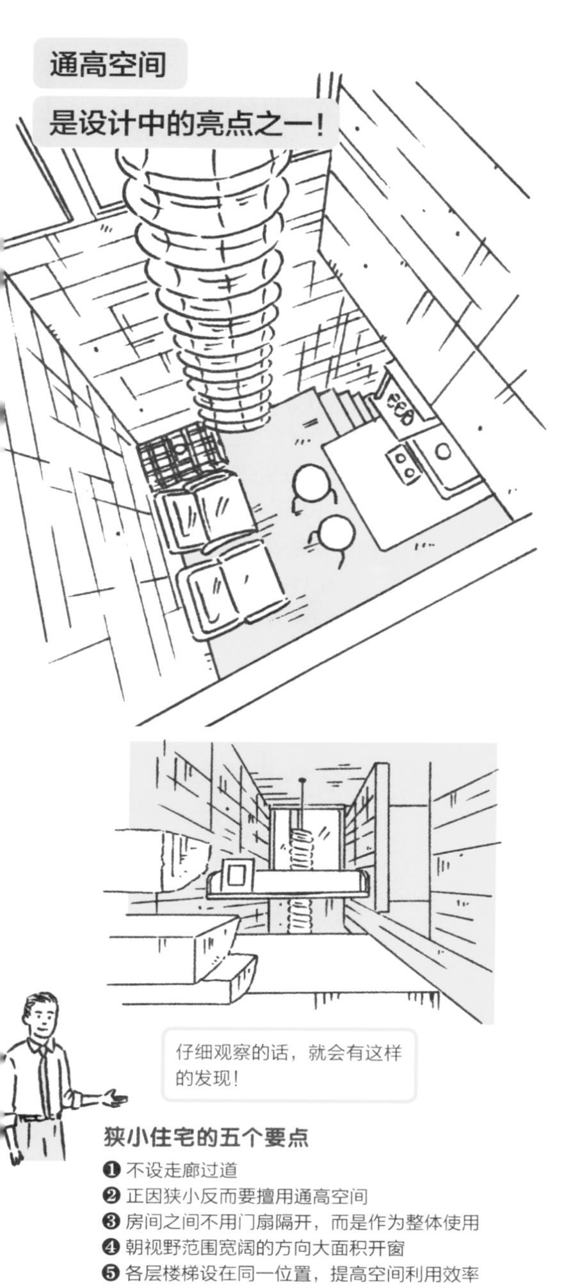

通高空间**和楼梯相配套**，将各个楼层连接起来。楼梯从**单侧悬挑**，不做立板也不设扶手，这是为了避免视觉上的空间遮挡而精心设计的。单间、甚至浴室和厕所都不设门，形成了一个相互连接的延展性空间！

此外，面向通高空间**大面积开窗**的做法让视线得到延续，带来了别样的开放感。5 层房间的上下重叠也十分精妙，使房间相连的同时还能控制视线范围，保护了各自的隐私。

在东京市中心仅 6 坪的土地上建造的住宅，由极具创意的各部分组合在一起，形成了一个**大空间**！

狭小住宅的五个要点

❶ 不设走廊过道
❷ 正因狭小反而要擅用通高空间
❸ 房间之间不用门扇隔开，而是作为整体使用
❹ 朝视野范围宽阔的方向大面积开窗
❺ 各层楼梯设在同一位置，提高空间利用效率

狭小住宅的这五个要点，在当今的住宅设计中也完全适用

塔之家拓展了城市居住的可能性，可以说是一座出类拔萃的建筑。

57 登上陆地的双曲抛物面白鲸

莫比迪克别墅（1966 年）

相关·笔记 薄壳结构，别墅，一居室

设计者 宫胁檀

小说家赫尔曼·梅尔维尔的杰作之中，有一部名为《白鲸（Moby Dick）》的长篇小说。**山间别墅莫比迪克**［Moby-Dick (villa)］由此得名，它建成于 1966 年，是建筑师**宫胁檀**（1936–1998 年）的处女作。接下来，就让我们一起来看看这座建筑诞生的故事吧。

宫胁檀

代表作品是被称为方盒子式系列的一组住宅设计

某日，宫胁檀接到委托，要为一位知名时装设计师在山中湖畔设计一座别墅。这位客户就是**石津谦介**（1911–2005 年），是 20 世纪六七十年代席卷日本年轻一代的常春藤学院风（Ivy Style）的发起者，也是品牌 VAN 的创始人。而这时，宫胁还只有二十多岁。客户对这位初出茅庐的建筑师，除山庄设计的委托之外，还附加了“没有必须条件，不设竣工期限，不计工程预算上限”这样的破格条件。

石津谦介或许正因自身也从事创作类行业，所以能够完全理解设计师的心境。他看人的眼光也极准。

这样丰厚的条件之下，没有建筑师能够压抑自己的创作热情。宫胁檀在山庄的设计上耗费了一年半的时间，据说画出超过 1000 张的草案。这期间内，他对所有可能的形态和构造都进行了探讨。

建成的**莫比迪克别墅**，采用了前所未有的构造，是一座新概念建筑。外墙和屋顶都是被称为**双曲抛物面**的三维曲面。在两侧墙壁间起连接固定作用的**梁完全不见踪迹**。**椽子**虽被大量使用，但屋顶正中却**没有大梁**，在正中相接的椽子之间全部采用**直接接合**。因此，内部形成了无梁无柱的简洁**单室空间**。载有**床**的小隔间放置于其中，完全不接触周围的构造体。

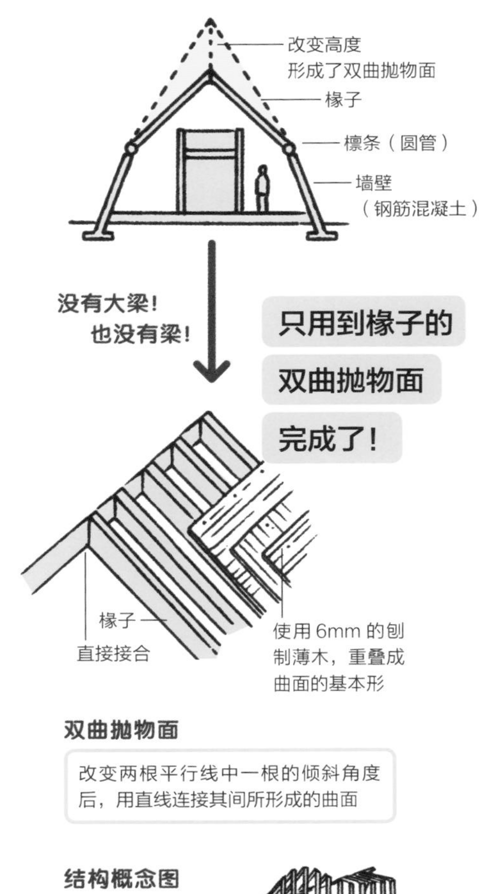

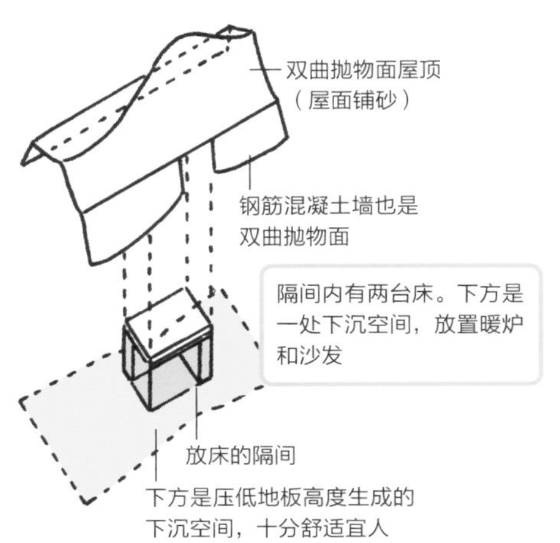

双曲抛物面

改变两根平行线中一根的倾斜角度后，用直线连接其间所形成的曲面

结构概念图

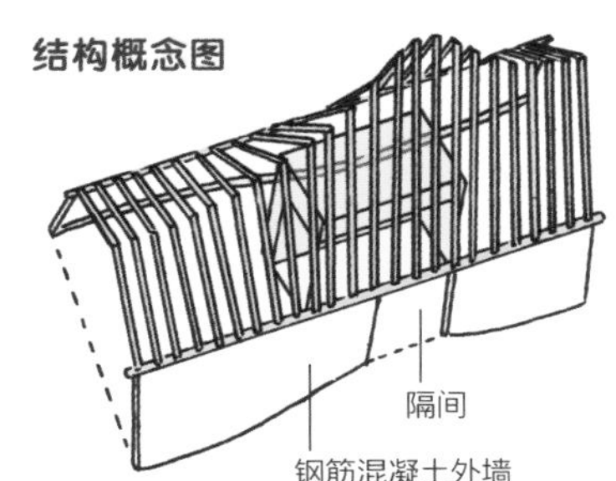

形似鲸背的曲面基本形，由几层**刨制薄木**重叠而成，屋顶使用与曲面相适应的**砂质材料**铺设。据说在当时，能够用于曲面的铺设方法也只有屋面铺砂这一种。

58

日本第一座 **超高层建筑**

霞关大厦（1968 年）

2018 年迎来 50 周年的**霞关大厦**，是**日本第一座超高层建筑**。建筑高 147 米，共 36 层，建造时运用日本独有的技术和材料，极尽日本制造之能事。1963 年修改后的建筑基准法，废除了曾经的**高度限制**，重新按照容积率（总建筑面积与净用地面积之比）进行了规定。此外，还采用了对特定街区放宽容积率限制的制度，规划推进**高层建筑的建设**。

相关·笔记 超高层酒店，31m 高度限制

设计者 山下设计

由于曾经 **31m 的高度限制**，大厦竣工时，街道上其他的建筑用地还被 9 层楼以下的建筑物塞得满满当当。在其中**鹤立鸡群**显得格格不入的，就是这座**霞关大厦**。

现在的情况

即使周边的建筑物层数变高、规模增大，也要留出面向街道的**公共开放空地**以供人们休闲或作为绿化，这一理念成就了日本第一座超高层建筑

所谓**建筑高层化**，也意味着**建筑容积的密集化**，这使得霞关大厦能够在地面留出 1 万 m^2 的巨大广场空间（开放空地）。可见，高层化的重要意义不止于建筑，更在创造出美好宜居的城市环境。

霞关大厦的标准平面图

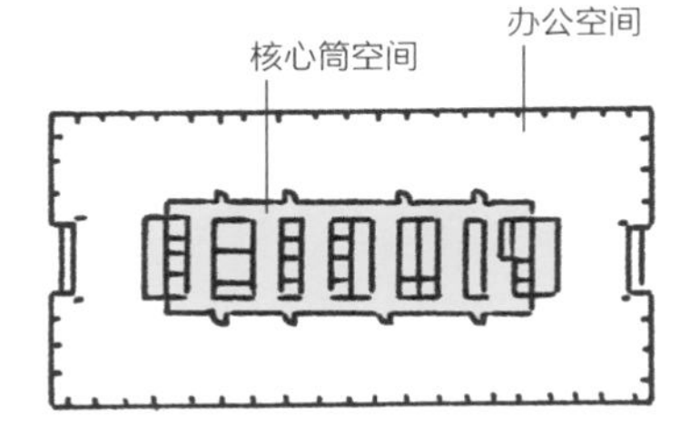

采用核心筒结构

霞关大厦的中央部分是将平面一分为二的**核心筒**，内部集合了电梯、楼梯等垂直动线、厕所等供用设备、管道空间以及空调机器配管等。

每一层的面积约 800 坪（约 2643m²），空间自由度高，因此可以根据租户的要求创建合适的办公空间

日本第一座超高层建筑的翻新工程

临时办公空间

1989—1994 年，内含 124 家租户和 7000 员工的霞关大厦进行了一次**翻新**，目的在于迎合时代实现办公自动化，以及进行空调、电源、供水系统的更新。运转中的大厦如何更新是一个棘手的问题。当时是在大厦旁的广阔空地设置了**临时的办公空间**，以便将员工暂时转移。临时办公空间在霞关大厦的东西两侧各修建了一栋，每栋占地面积 400 坪（约 1322m²），是霞关大厦一层面积的一半，因此在临时办公室空间中也不用改变办公室布局。另外，由于用地相同，地址也不需要变更，这一提案**确保了和搬迁前相统一的便利性**。

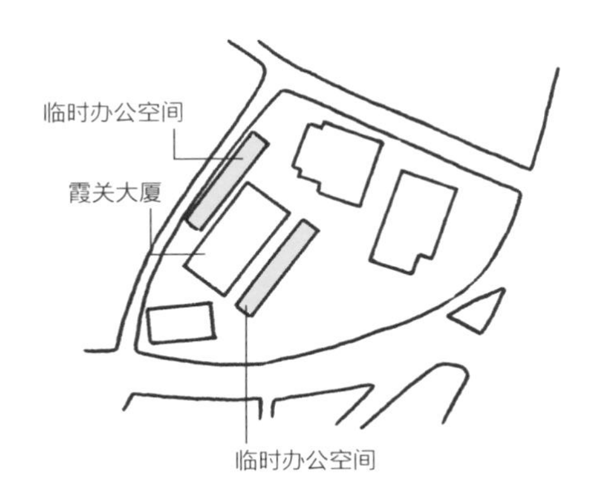

同时，以大厦的翻新工程为契机，部分租户对变更布局和更新空间的要求也获得了满足，舒适的办公空间得到实现。之后，分别又在 1999 年、2006 年进行了翻新工程，安装了最新的设备。**建成 50 年后**，这座大厦依然拥有**最先进的功能**！随着时间流逝，这座建筑正不断成熟，而时刻注意**优化翻新**也使自身的价值更上一层楼。

59

拒绝“人类的进步与和谐”不成体统的**展览馆**

太阳塔（1970 年）

相关·笔记　大阪世博会，艺术作品，丹下健三

设计者　冈本太郎

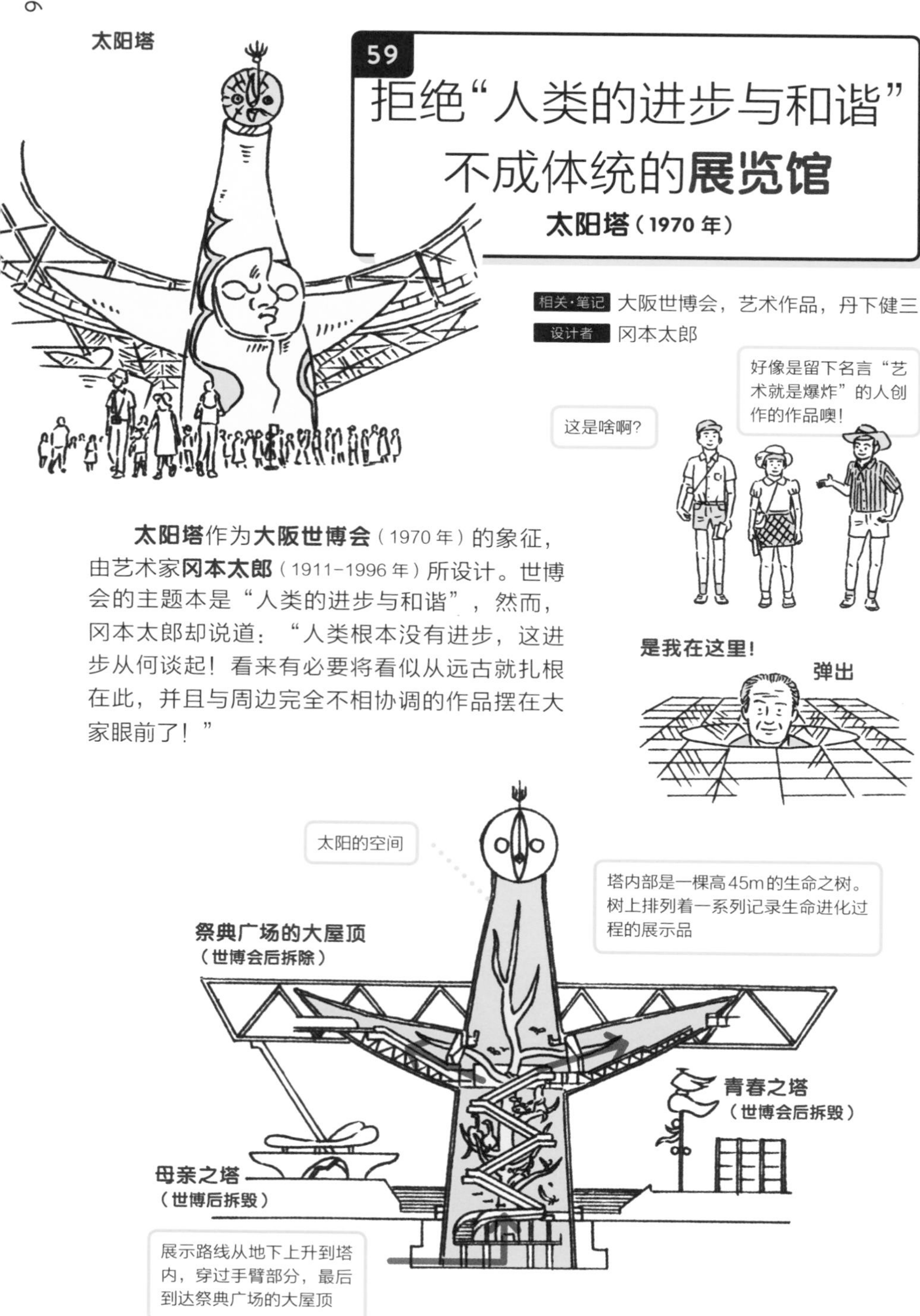

太阳塔作为**大阪世博会**（1970 年）的象征，由艺术家**冈本太郎**（1911–1996 年）所设计。世博会的主题本是“人类的进步与和谐”，然而，冈本太郎却说道：“人类根本没有进步，这进步从何谈起！看来有必要将看似从远古就扎根在此，并且与周边完全不相协调的作品摆在大家眼前了！”

太阳塔是这样构成的！

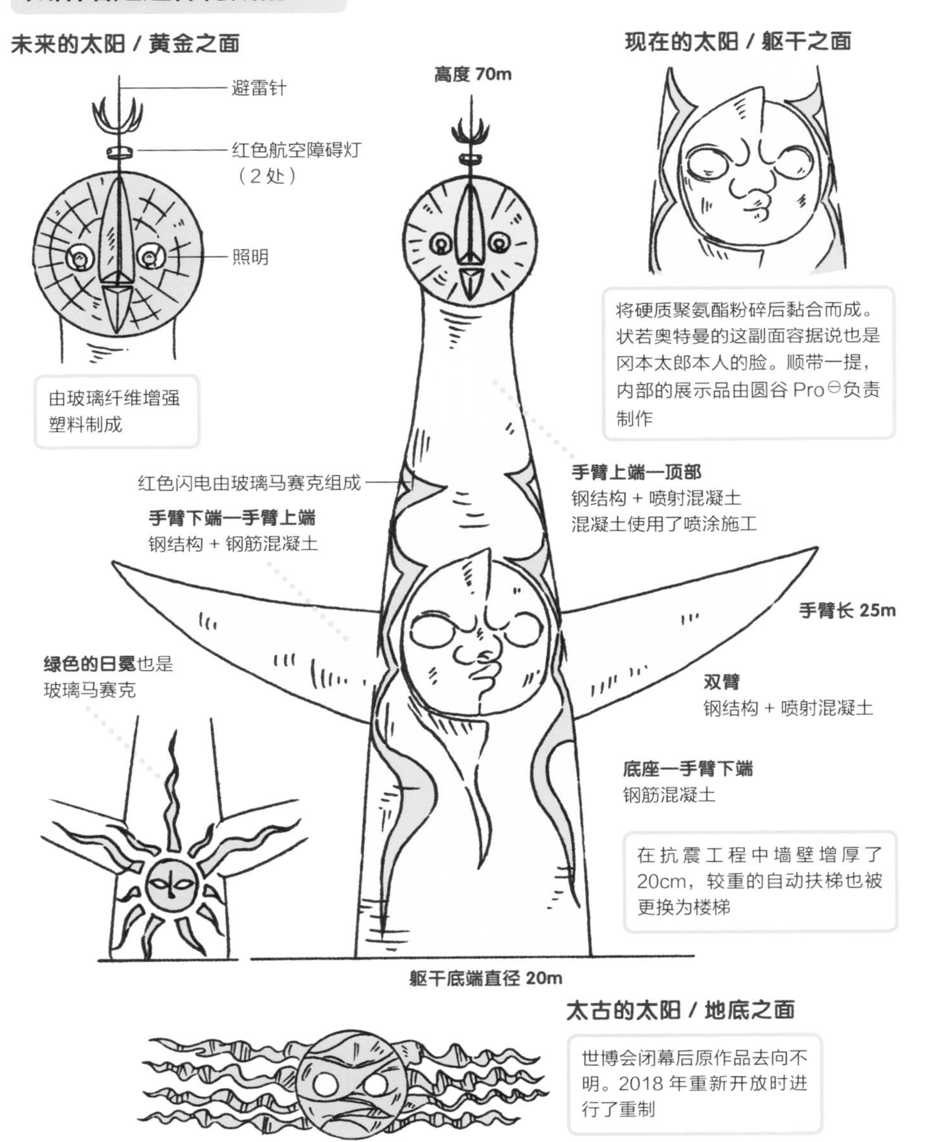

在世博会结束后，**太阳塔**虽然由于一系列**保留倡议**没有被拆除，但在很长一段时间都是无人使用的状态。2018 年，在抗震改造及消防法相关问题得到解决后，太阳塔作为常设展示设施，时隔 48 年再次向公众开放。

㊀ 圆谷 Production，由特摄导演圆谷英二于 1963 年创建，最出名的作品是奥特曼系列。

60 来自未来的胶囊

中银胶囊塔（1972年）

相关·笔记 新陈代谢派，胶囊，大阪世博会

设计者 黑川纪章

浴缸

洗手盆

抽水马桶

组合式的浴缸、厕所、洗漱台使用的平滑曲线，**具有未来感的设计**。可以看到将不同功能一体化的尝试

中银胶囊塔是新陈代谢派建筑的代表作。设计者是**黑川纪章**（1934–2007年。与菊竹清训等人同为新陈代谢主义的倡导者。是活跃于国际舞台的建筑师）。“metabolism（新陈代谢）”是指以跟随社会变化与人口增长而**有机成长的理念为基础而设计出的一系列城市和建筑**。中银胶囊塔由**140个舱室**组成，依照需要，构想时采用了**可拆卸组装**的形式。每个**胶囊舱室**的大小是2.5m×4.0m×2.2m。**胶囊住宅**的概念则是在**大阪世博会**时诞生的。

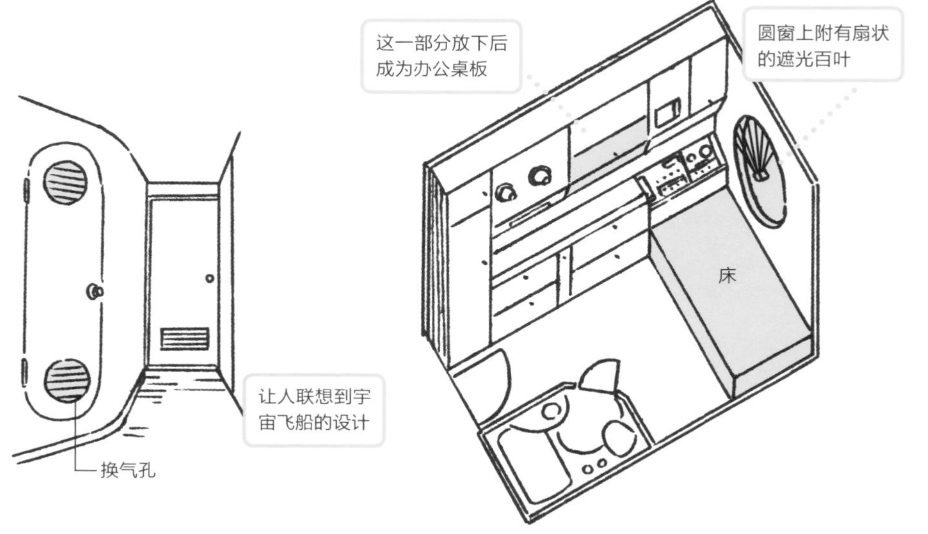

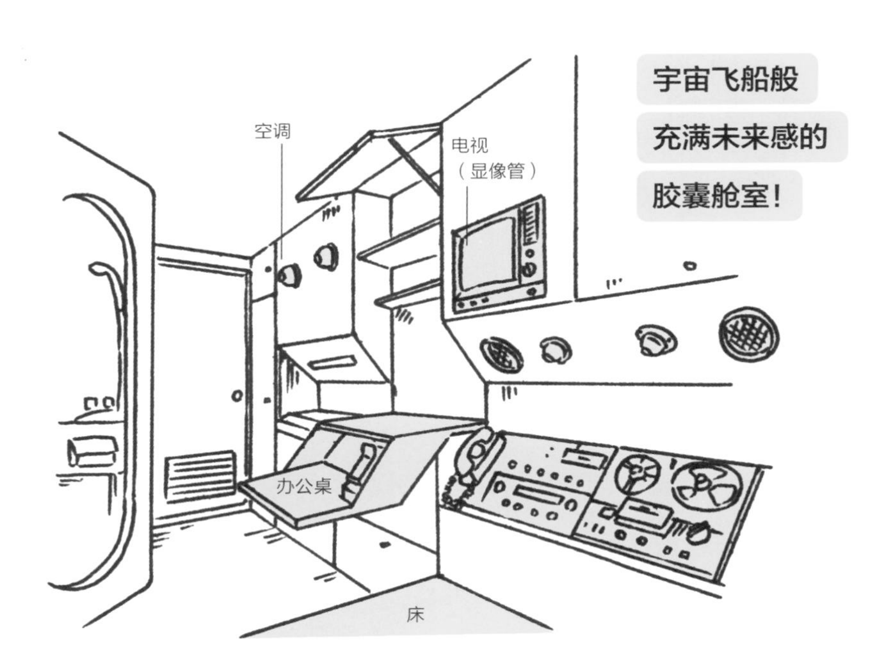

世界首家胶囊旅馆也出于黑川纪章之手

世界上第一家胶囊旅馆（Capsule Inn Osaka）的设计者也是黑川纪章。黑川将私人化的卧室空间称为**睡眠胶囊**，每个胶囊都采用极富耐久性且造型独特的曲面设计，使用当时最先进的新素材 **FRP（纤维增强复合材料）**制造。

自此，胶囊旅馆作为行业中的新名词流传开来，到现在已经作为一种经典的住宿形式在国外广泛普及，还诞生了许多追随潮流的新形式。

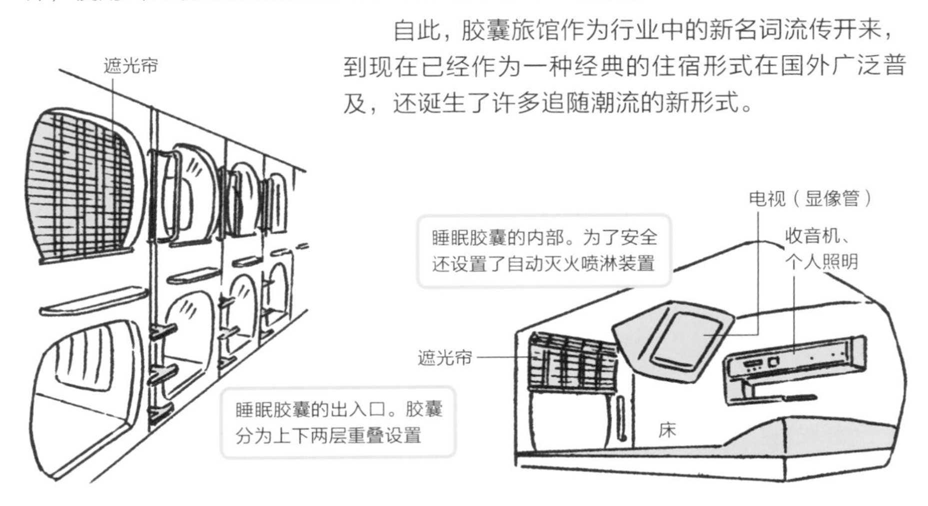

大阪胶囊旅馆（1979 年）

住吉的长屋

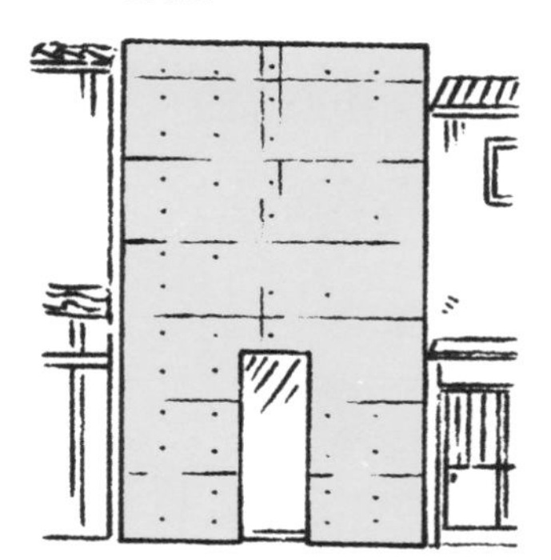

61 颠覆常识的 清水混凝土住宅

住吉的长屋（1976 年）

相关·笔记 城市住宅，狭小住宅，现代主义建筑

设计者 安藤忠雄

混凝土是具有水硬性的水泥配合提高强度的砂、石等骨料，与水搅拌而成的材料。使用混凝土的好处包括可以自由塑形，强度很高等。

可我们常听到的**清水混凝土**，与其他混凝土有什么不同之处呢?

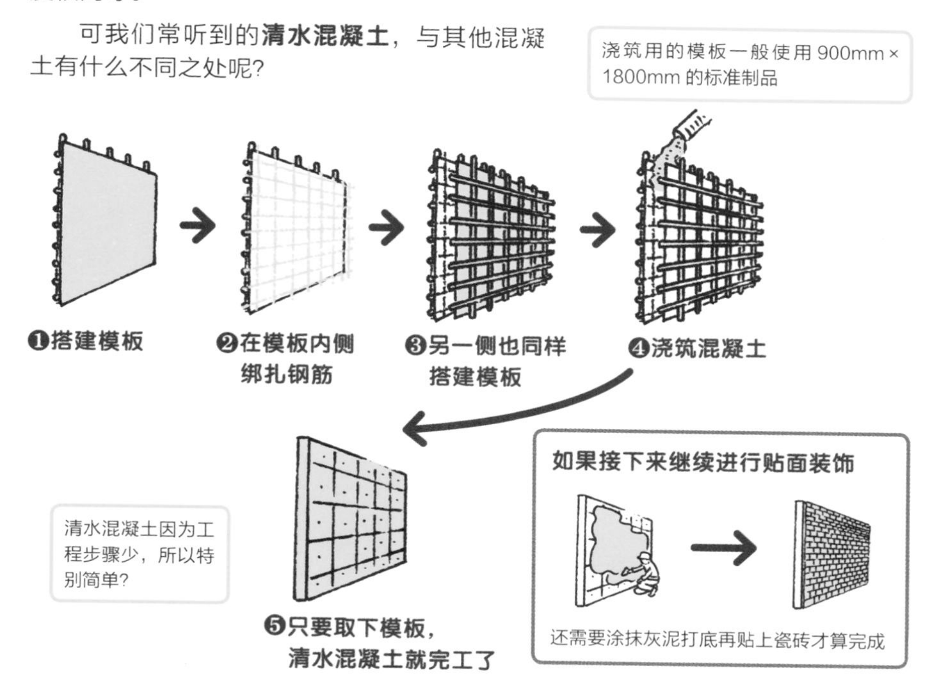

原来如此。莫非清水混凝土工程步骤更少，所以更为简单? 非也非也……混凝土板间的接缝，对拉螺栓留下的孔洞，钉子的痕迹，以及最为重要的浇筑前的预判能力，这对施工人员都是巨大的考验，也使清水混凝土施工难度极高。而将清水混凝土的特性发挥到极致的住宅，在大阪的平民住宅区诞生了!

这就是安藤忠雄设计的

狭小住宅之杰作，住吉的长屋！

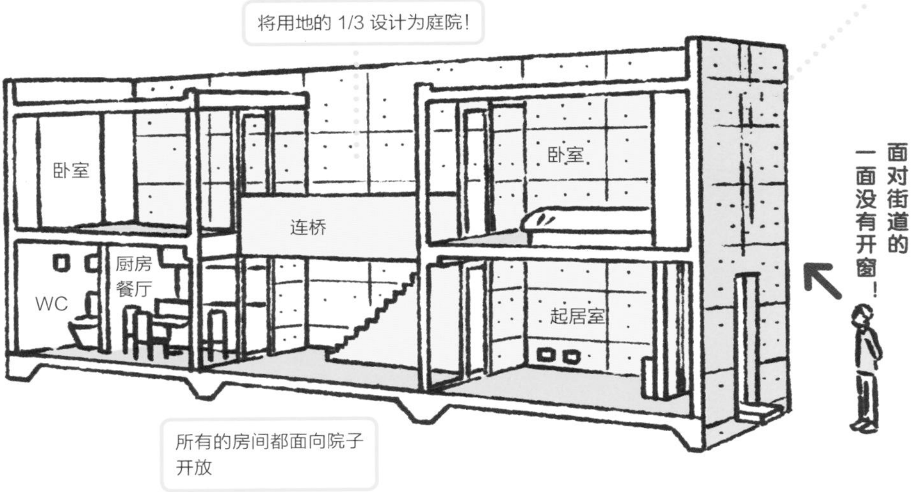

对拉螺栓孔和模板的痕迹经过了精心设计

将用地的 1/3 设计为庭院！

卧室

卧室

连桥

厨房
餐厅

WC

起居室

面对街道的一面没有开窗！

所有的房间都面向院子开放

沿着没有屋顶遮蔽的庭院，独属于这一户人家的风与光线被导入屋中

长屋的三个方向全部被建筑包围，从邻家的方向进行采光或通风都不能达到理想的效果。于是安藤大胆地将长屋正中 1/3 都设计为庭院。

住吉的长屋一经发表，就给社会带来了巨大的冲击。比如，下雨天时，如果不打伞就无法在各个房间之间移动……

设计者**安藤忠雄**（1941–。擅用清水混凝土和几何学设计，建筑作品在世界范围内受到好评），似乎对生活中真正所需事物的本质进行了深入思考。他还说：“我想建造的，是在**中庭**这一小小宇宙中包含无可替代的自然，即便在狭小的空间中也能获得丰富体验的住宅。”一处能够直接感受炎热或寒冷的生活空间，一所直面光线和时间流转，顺应自然变化的住宅。乍一看或许觉得不自由，又正是这一点赋予生活以**丰富**的内涵。这可以说是**反其道而行之**的绝妙想法了。

海洋风俗博物馆的藏品库

展馆

藏品库

62

守护文化遗产的 预制混凝土

海洋风俗博物馆的藏品库（1989 年）

相关·笔记 大型空间，预制混凝土

设计者 内藤广

妥善**收藏人类历史文化遗产**，是博物馆需要具备的功能之一。地处三重县鸟羽市的**海洋风俗博物馆**，正如其名所示，依照当初的预想修建在海洋之滨，需要展示、收藏与渔业相关的珍贵资料。那么这样的博物馆藏品库所需的建筑结构是怎样的呢？

使用混凝土？

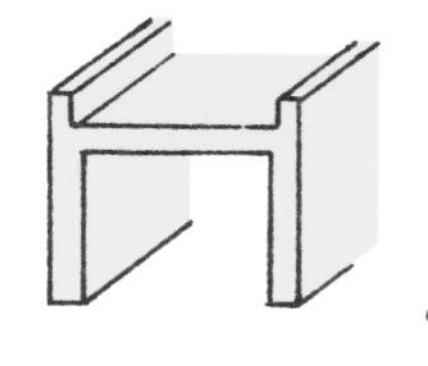

耐火、隔声、抗震性能都很高。只是，由于盐害，包裹在混凝土中的钢筋会被锈蚀。另外，现场浇灌混凝土质量也会参差不齐

此外，为了防止展品、收藏品劣化变性，还需要在混凝土浇筑完成后进行一定时长的干燥，以消除从结构体扩散出的碱性物质

为解决这一系列问题，

采用了预制混凝土技术

预制混凝土预先在工厂制作（在施工现场只进行组装），不受天气影响，因此可以实现**高品质和高强度**（约为普通混凝土强度的 **3** 倍）！

什么是预制混凝土

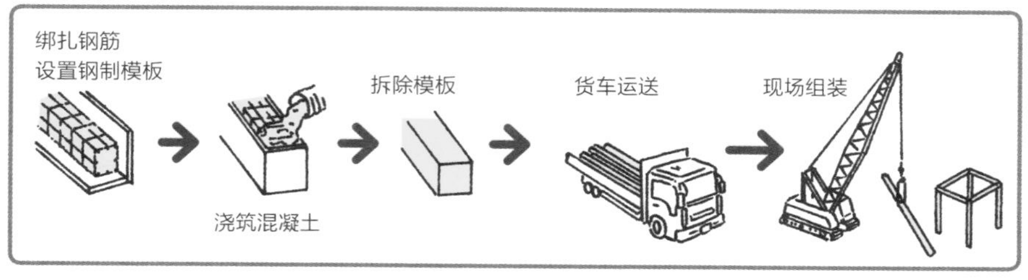

既然是收藏文物的场所，设计师决定采用日本传统的瓦片来修屋顶。为此，**屋顶坡度**成为必需（最好是 50% 的坡度）。馆长还提出，设计要能够适应馆内布局和收藏品的变更，因此在确保屋顶坡度的同时还需要形成**大跨度的空间**。

负责设计的**内藤广**（1950 －。参与过大量公共建筑与车站等设计，广受赞誉）当时正三十出头。当时还是泡沫经济的全盛时期，每坪建造费高达 200 万或 250 万日元的委托随处可见。然而他丝毫不受浮躁的社会风气影响，为了建造百年后依然屹立的建筑，怀揣着拼尽全力的觉悟开始了工作。经过反复推敲，最终诞生的建筑即是……

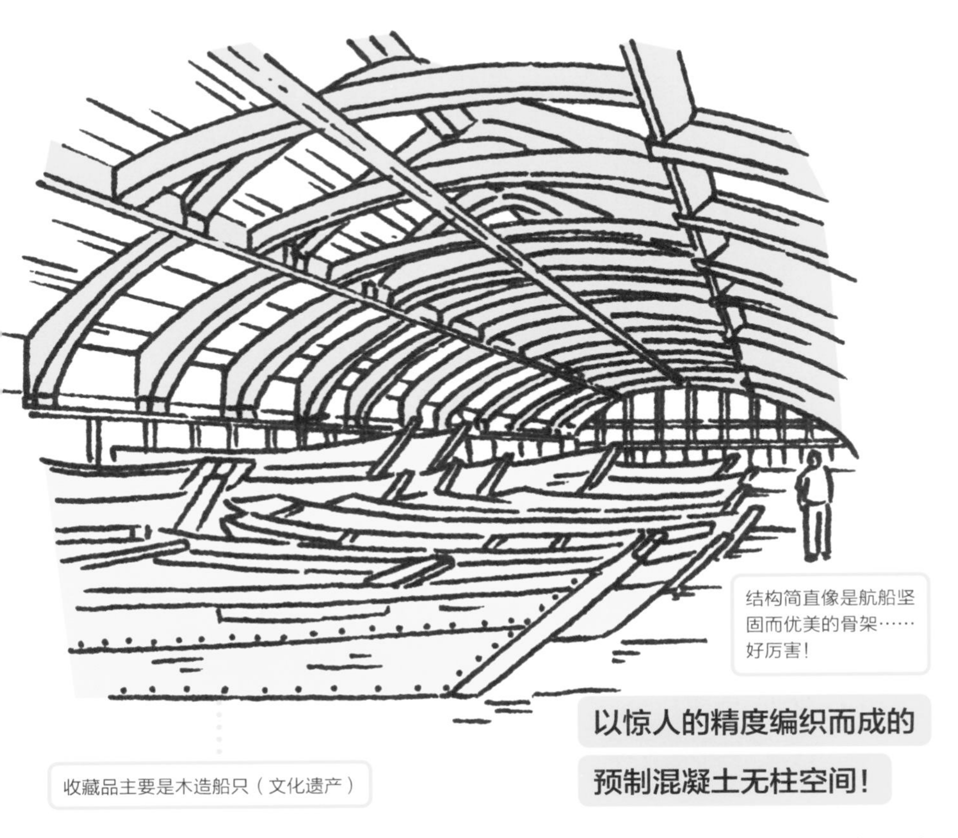

藏品库以**预制混凝土**实现了 18m 的跨度，而整座建筑仅凭每坪约 40 万日元的惊人低成本完工。

内藤在看到完成的藏品库建筑体时感慨“第一次下决心要以建筑师的身份活下去”。之后，**海洋风俗博物馆** [由**藏品库**和**展馆**（1992 年）等组成] 在 1993 年荣获日本建筑学会奖，作为建筑获得了极高的评价。这一作品也证明了，通过反复推敲，即使成本受到限制也能够诞生代表一个时代的杰作。

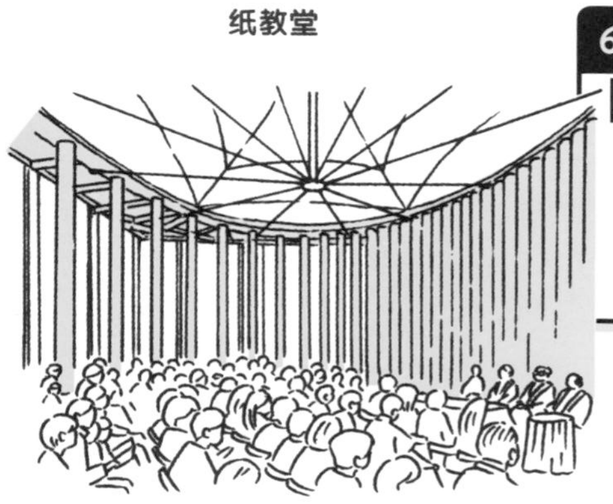

63 吸取阪神淡路大地震教训的**纸制建筑**

纸教堂（1995 年）

相关·笔记 纸管，避难所

设计者 坂茂

各位听说过为了重建在**阪神淡路大地震**（1995 年）中烧毁的当地教堂，由志愿者们亲手建造的**纸教堂**吗？正如其名，这所教堂使用纸管建成。所谓“纸管”，是指卫生纸、保鲜膜一类的纸芯，或是在建筑现场作为混凝土圆柱模板使用的常见材料。那么这样的建筑究竟缘何而来呢？其实教堂在地震前是一处志愿者基地。回顾起当时的情况，建筑师**坂茂**（1957-）表示，自己通过报纸得知，这座教堂是被日本政府首次接纳的越南难民中的信徒们常去的地方，于是怀揣着震灾中“外国人想必更为艰辛”的想法迅速赶往了现场。

之后，他结识了神父并取得了对方的信任，建起了作为**地区居民复兴据点的集会所**，所有**建筑费用和志愿者**全都由建筑师自己负责筹集和招募。紧接着，他整理了临时教堂需要满足的条件。

要建在已有的保健室与食堂之间 10m × 15m 的空地上	低成本，而且要使用无须起重机，只凭学生志愿者就可以组装的安全简便的施工方法	在灾区完成重建后，为了能够转移到其他受灾地区，需要易于拆卸

得出的解决方案是，使用纸管建造建筑

因为**纸管**很轻，即便倒塌也不会对人造成伤害。这也是对阪神淡路大地震时，因建筑物倒塌而夺去许多生命的一场**反思**。

纸管的特点

⇒ 可凭人力搬运、组装或拆卸
⇒ 常见且容易入手、价格低廉
⇒ 易于更换、回收
⇒ 防水和阻燃处理简单易行
⇒ 重量很轻，即便倒塌也无须担心

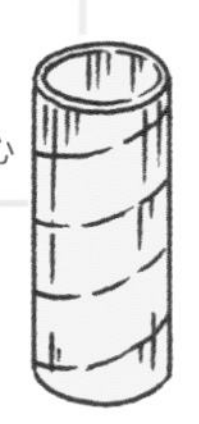

坂茂

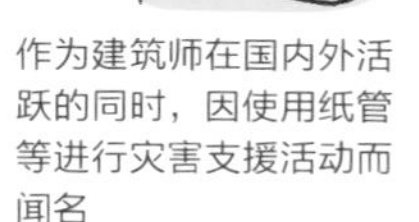

作为建筑师在国内外活跃的同时，因使用纸管等进行灾害支援活动而闻名

由此建成的，

是 10 年来一直深受当地人喜爱的纸教堂！

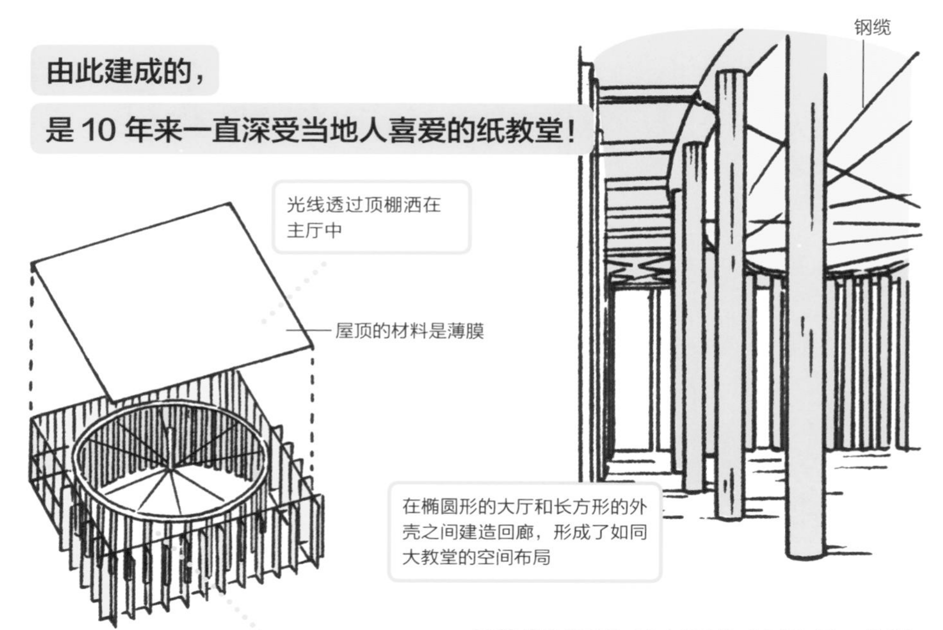

直径 33cm，长 5m，厚 15mm 的 58 根纸管，组成了可以容纳 80 个座位的椭圆形大厅

纸教堂在震灾 10 年后的 2005 年，依照设计当初“能够在其他受灾地继续使用”的本意，被送往中国台湾大地震的受灾地区。

建筑师的社会贡献

坂茂还为在神户的越南难民建造了作为临时住所的**纸质小屋**，在土耳其大地震和印度古吉拉特邦地震时，也为他们建造了纸质小屋。

他还亲自前往**战乱地区**，为因内战而成为难民的人们提供**纸管避难所**，继续对社会做着贡献。如此巨大的热情究竟是从何产生的呢？这正是值得我们学习的人生态度。

纸质小屋（神户）

越南难民的临时住所

纸管避难所（卢旺达）

在内战中成为难民的人们的避难所

64 巨大的**车站大厅**变身为大型舞台

京都车站大楼（1997 年）

车站大厅一般是指**车站的过道交汇处、大型通道**或是**中央广场**。

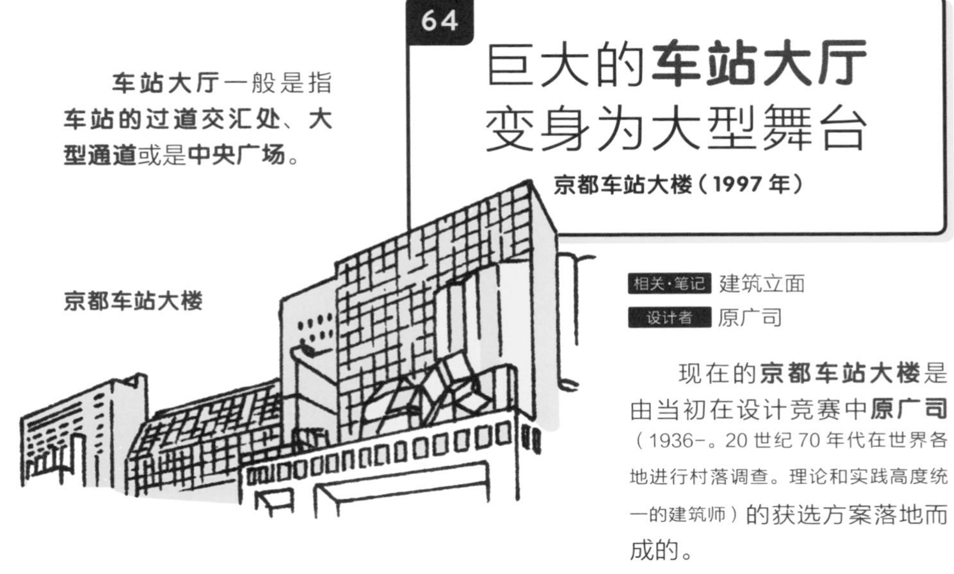

京都车站大楼

相关·笔记 建筑立面

设计者 原广司

现在的**京都车站大楼**是由当初在设计竞赛中**原广司**（1936-。20 世纪 70 年代在世界各地进行村落调查。理论和实践高度统一的建筑师）的获选方案落地而成的。

作为京都的对外门户，车站大楼应该是怎样的形象呢？与历史融合的形式十分重要，而车站大楼的重中之重就是车站大厅。

此外，原广司也是**后现代主义**的设计师。后现代主义的倾向在于建造**反映当时城市状况的建筑**。20 世纪 80 年代，在表现手法中**参照历史建筑，展现地域特征**的后现代主义建筑风靡一时。京都车站大楼中也可以看到很多后现代的形态特征。

后现代主义作为一场思想运动，旨在摆脱现代主义。它始于建筑，渗透到哲学与时尚领域，展现出 20 世纪 80 年代的世界文化倾向。

与京都的几条主干道相呼应的开口设计

就这样，**京都车站大楼**建成了！

最具特点的是**宽阔的楼梯、巨大的通高空间**以及大型通道错综复杂**如同溪谷一般的巨大车站大厅**。

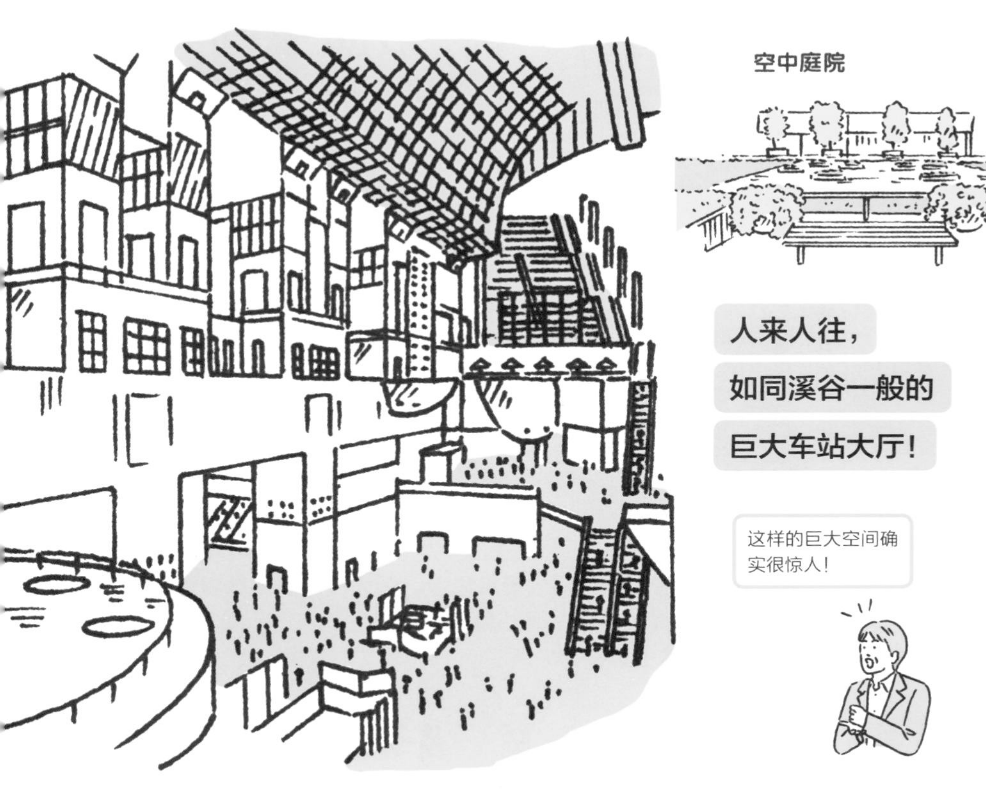

这样的空间构成，使到访的人们可以获得丰富的体验。再加上立体化的设置，车站大厅简直像是一个大型舞台。特别是在开演唱会时，**人们聚集一堂落座在大台阶上的场景尤为精彩**。

中央大厅如果除了供人通行以外，还能让来到这里的人怀有一份与未知相遇的激动之情，一定会十分有趣。

如果各位在机场和车站稍加留意，一定也会发现各种充满魅力的中央大厅。

仙台媒体中心

65 与街道连接的 匀质空间

仙台媒体中心（2001 年）

相关·笔记 多米诺体系，管柱

设计者 伊东丰雄

匀质空间是**现代主义**的理念之一，它主张对**内部空间不做限定**，允许自由使用

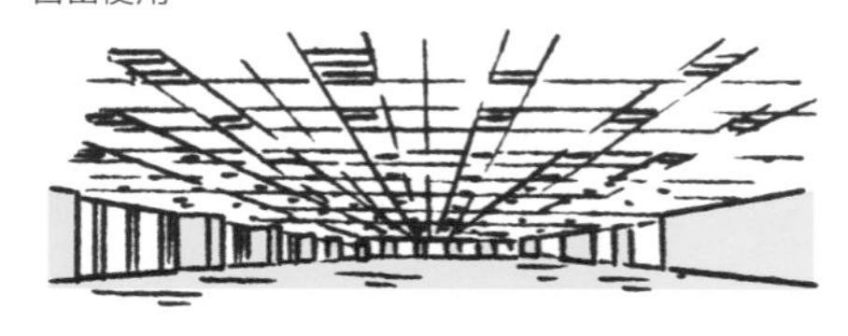

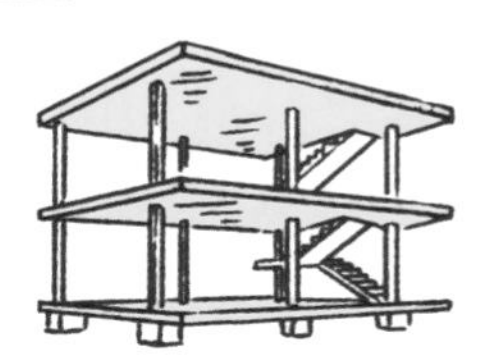

多米诺体系则是由地板，以及支撑地板的柱、连接地板的楼梯这类最基本的要素为基础组成的，是有利于大量建造的建筑体系

如今的高层建筑往往基于这**两个理念**建造。因为“**匀质意味着合理和没有浪费**”。但是匀质的空间作为人们生活的场所，真的是最合适的吗？ 2001 年竣工的**仙台媒体中心，从根本上颠覆了**匀质空间的概念。

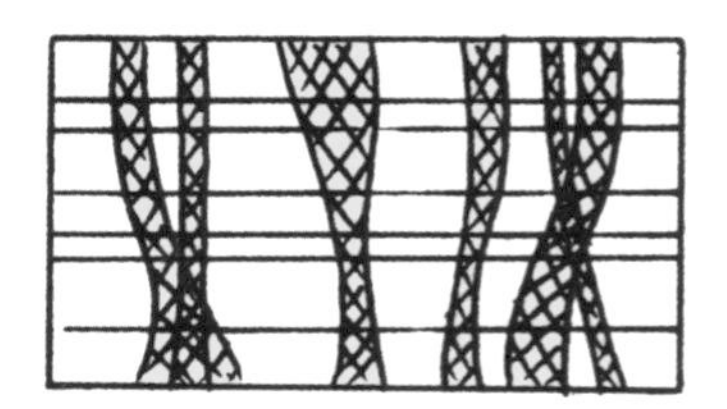

设计者**伊东丰雄**（1941-。在国际上广受好评的建筑师）想赋予匀质空间以变化。因此，他决定将**薄至极限的楼板**、**海草般的管柱**、**立面的屏幕**这三者体现在视觉感受上

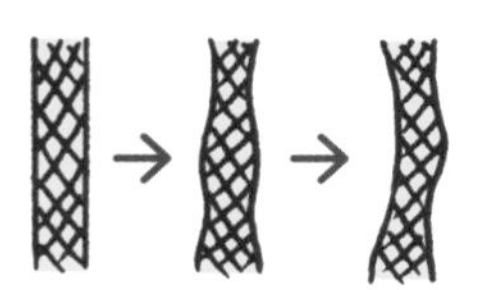

为实现这一方案，**扭曲的管状柱体**被采用了。这种结构更加坚韧，也可以增强空间的**非均匀性**

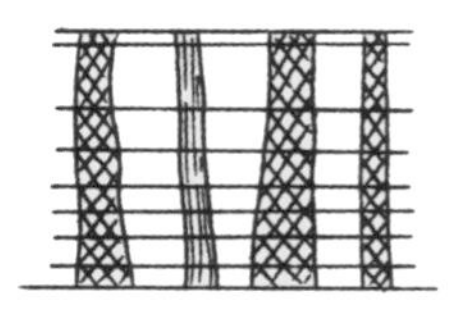

匀质空间是基于网格的几何均匀空间。而**随机排列的柱体**将人工网格的痕迹消除，边框也消隐不见

使用造船技术进行焊接的高难度施工方案！

出现在眼前的是美到令人窒息的透明建筑物！

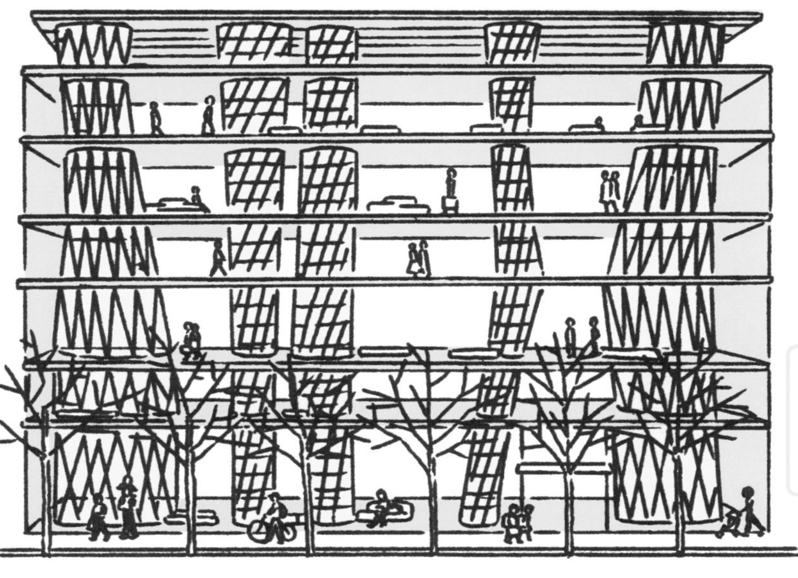

由于管状的柱体是镂空的，光线与风可以自由穿行，而且上下层的情景也可一眼望到！

薄到极限的楼板增强了这一效果

这座建筑不会限制人的行动路线，人们可以像在森林中一样随心所欲地寻找属于自己的空间！

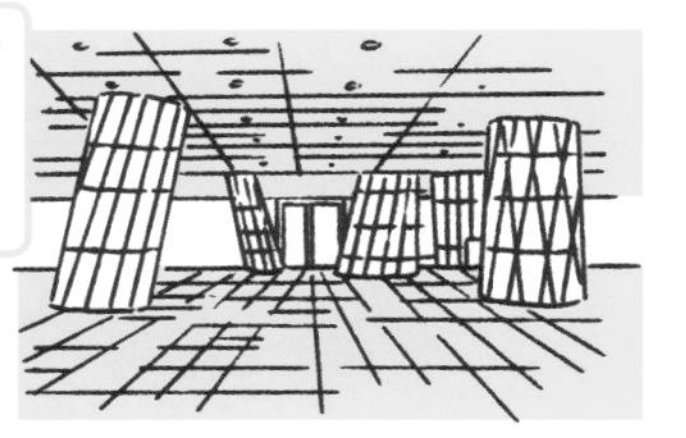

但身处森林时并不会意识到这种规律。从这一点来看，仙台媒体中心与森林十分相似

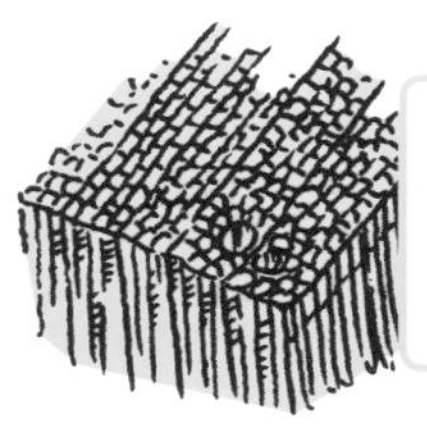

如果观察媒体中心的柱子，会发现钢管的间距有一定的规律。就像如果观察树木的细胞，也会发现它们的排列也遵循了一定的法则

也可以说这座建筑采用的是像森林那样**不均匀的匀质空间**，这给建筑界带来了不小的冲击。另外，因为它的**透明**使内部情况一目了然，使用者也能够以放松的心态进入其中。建筑能够在多大程度上接近自然，或与自然融为一体？既然人也是自然的一部分，这便是一个重要的问题。不均匀的匀质空间在今后也一定会越发受到关注。

爱马仕之家

66 镶嵌**玻璃砖**的光之宝盒

爱马仕之家（2001 年）

相关·笔记 心柱，通用设计

设计者 伦佐 · 皮亚诺

听说过高端品牌爱马仕的人应该不在少数。银座的**爱马仕之家**正是它在日本的第一家旗舰店，项目成败至关重要。**伦佐 · 皮亚诺**（1937-）被委托设计建造。这位意大利建筑师也是巴黎的蓬皮杜中心和关西国际机场等著名建筑的设计者。

皮亚诺构想的是打造如**面纱**包裹的**透明内部空间**，接着他又想到在外立面采用玻璃砖。

为了创造皮亚诺追求的空间效果，构造设计至关重要。担任该职务的是 Arup JAPAN 的结构工程师**金田充弘**（1970-）。

或许用玻璃砖是个好主意……

柱子也得做细……

金田通过不断试错，最终决定将地震荷载**集中在店铺背部的架构上**。这样可以使**柱形变得纤细**，形成与狭长用地相适应的**细长结构**。并且，他用屹立了数百年几乎同样的构造的**五重塔**为例证，阐明了地震时上浮的柱结构的必要性。这种技术也是世界范围内**首次被试用**。

通过这种机制，柱所承受的拉力被压缩到了正常的 1/3， 柱径也得以缩小至 550mm。

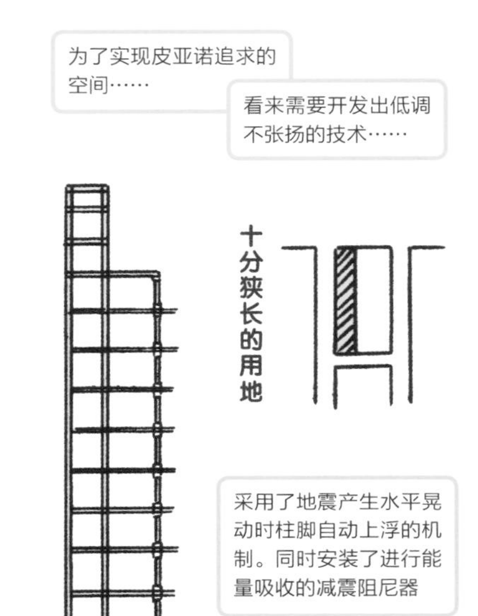

伦佐·皮亚诺称之为“幻灯”的

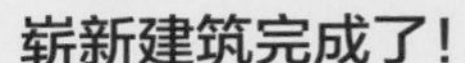

崭新建筑完成了！

哇噢

内部画廊。玻璃砖描绘出一片抽象空间

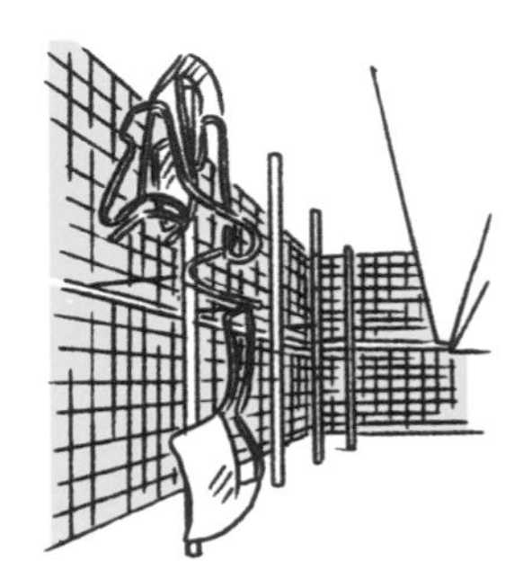

外立面完全由玻璃砖构成，也看不到任何设备开孔，宛若一个巨大的发光宝石盒！

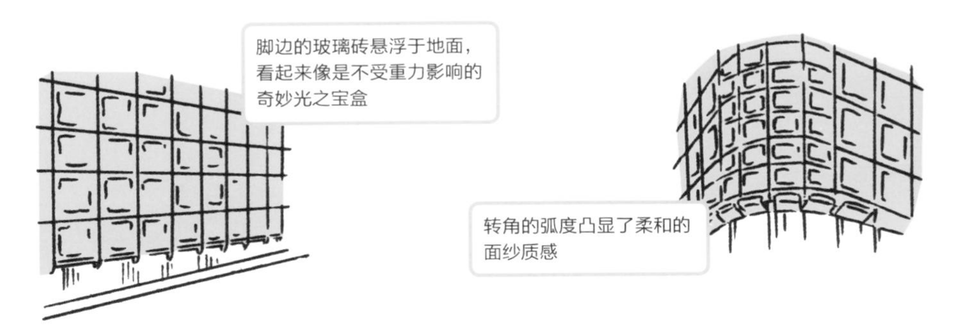

东京最大的特征就是永远处于变化之中，并且变化的节奏十分剧烈。特别在夜晚，这一性格更加被彰显。可以说爱马仕之家通过光之面纱与社会的律动相互呼应。注意到建筑和社会的这一层联系，去银座散步时应该也会更有乐趣。

67

居室、厨房、单间 各自成栋

森山宅（2005 年）

相关·笔记 DK，白盒子

设计者 西泽立卫

各位的家中都是怎样的平面布局呢？

类似的房间布局很常见。理所当然地，一栋住宅内部会配有客厅、厨房和单间。

但是，也会有这样独特的布局。这就是 2005 年建成的**森山宅**。功能是**出租 + 业主居住**。

明明是一整块用地，却有不止一栋建筑。浴室和哪座建筑都不相连。看起来很有意思！

是怎样的想法催生了这样的建筑呢？

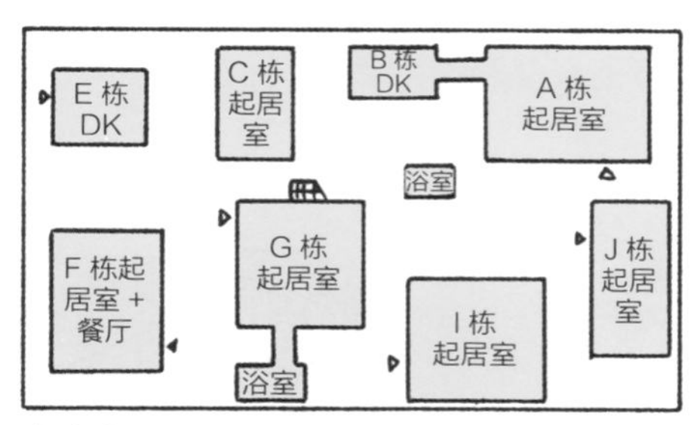

森山宅 平面图

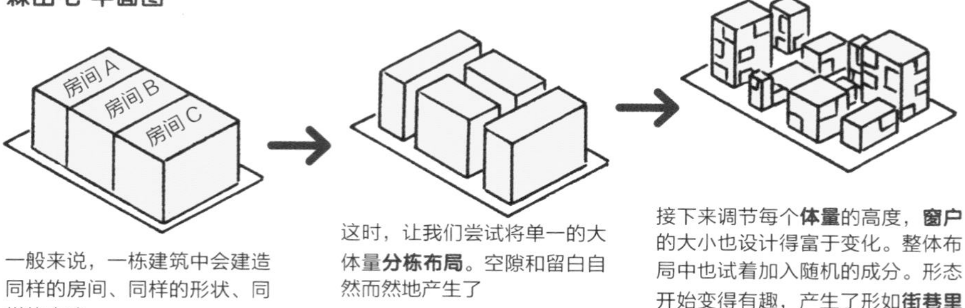

一般来说，一栋建筑中会建造同样的房间、同样的形状、同样的庭院

这时，让我们尝试将单一的大体量**分栋布局**。空隙和留白自然而然地产生了

接下来调节每个**体量**的高度，**窗户**的大小也设计得富于变化。整体布局中也试着加入随机的成分。形态开始变得有趣，产生了形如**街巷里弄**的空间

森山宅的各栋建筑中，有些是包含完整居住功能的，也有些是“只作为客厅”或“只当作浴室”来使用的。**单独成栋**的手法可以缩小单个体量，减少对周围街道的压迫感。墙壁也做得很薄，给人以轻快的印象。

单独成栋的另一个优势，就是能产生**适宜的留白**。这些空白处自然产生了**各类大小不同的庭院**，可以透过**错落有致的窗**，从建筑内部欣赏到富于变化的风景。

通过布局将家具、内部装修、建筑甚至是街道全部连通为一体。

绿意盎然的餐厅，紧临蓝天的卧室，偶尔想要独处时可以使用的小屋，充满开放感的顶棚挑高的房间……

森山宅丰富的空间，从生活**无须在同一个屋檐下**这一想法出发，使室外空间和建筑整体的相互连接成为可能。

在建造居所时，或许只需稍微改变一下思路，就会诞生富于魅力和多样性的作品。

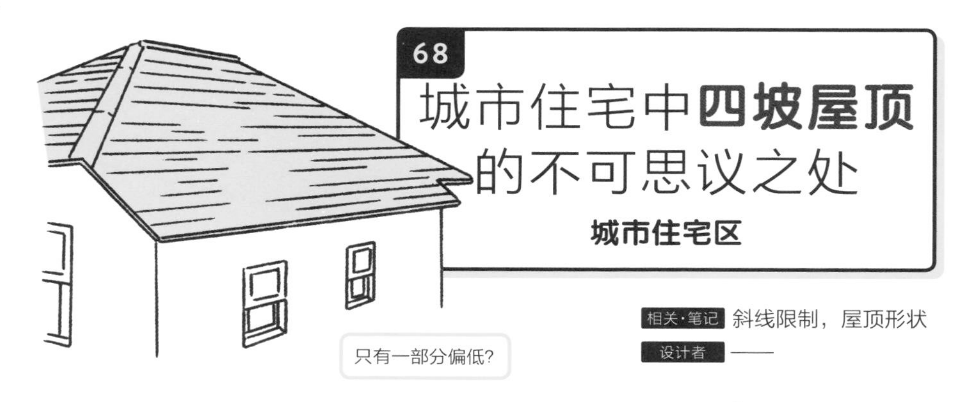

68

城市住宅中**四坡屋顶**的不可思议之处

城市住宅区

相关·笔记 斜线限制，屋顶形状

设计者 ——

四坡屋顶是自古就有的屋顶形式。由于四面都架有屋顶，十分利于保护建筑物不受风雨侵蚀。可以说是顺应自然规律的设计方案！

四坡屋顶

歇山式屋顶虽然修建起来耗时耗力，但却华美且有魄力。寺院里可以见到不少。根据屋顶样式的不同，建筑也会呈现出不同的氛围和特色。

歇山式屋顶

悬山式屋顶以其简练的形态散发着魅力。山面还兼具采光和通风的功能。

悬山式屋顶

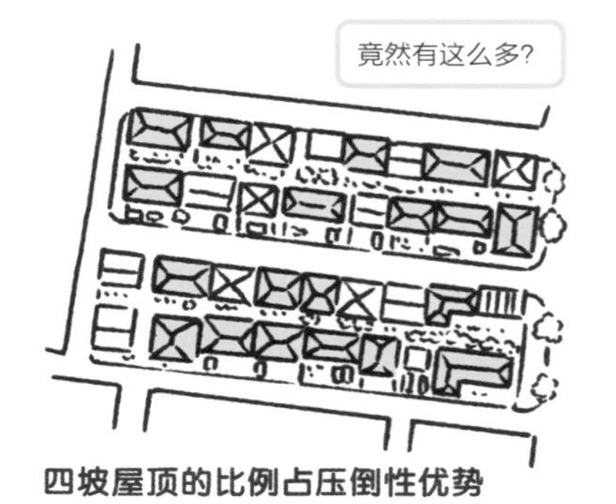

四坡屋顶的比例占压倒性优势

那么，现代日本住宅区中**四坡屋顶**的大量出现，也是为了遮风挡雨吗?

只答对了一半。另一半则是出于日本名为“**斜线限制**”的法律条文（建筑基准法）。其他还有道路斜线限制、北侧斜线限制、高度地区斜线限制、日影规制等许多对高度进行限制的条文。

其中，第一种高度地区限制（以东京都条例为例）最为严苛！

依照条例，限高的计算方法是与正北方向建筑间的距离乘上 0.6 后再加 5m。假设距离是 0.8m，则规定的高度是

0.8m×0.6+5m=5.48m

如果道路宽度 4m（以居住专用地域为例），则由道路斜线规定的高度是

4m×1.25=6m

另外，正北方向也十分重要。

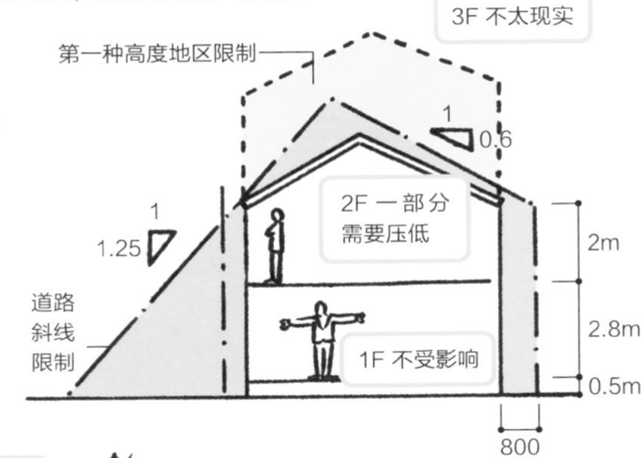

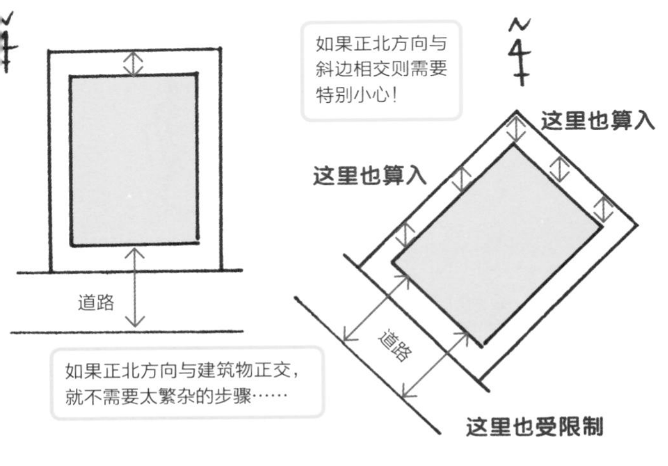

建筑北侧的**两条边**，以及临近道路的**一条边**都受到斜线限制，因而至少有**三边会形成坡度**（如果使用平屋顶的话，二楼的层高必须进一步压低）。将屋顶倾斜的需求随之产生，**四坡屋顶**也因此被广泛使用。四坡屋顶的四面屋顶都可以倾斜，以便对应法律的限制。

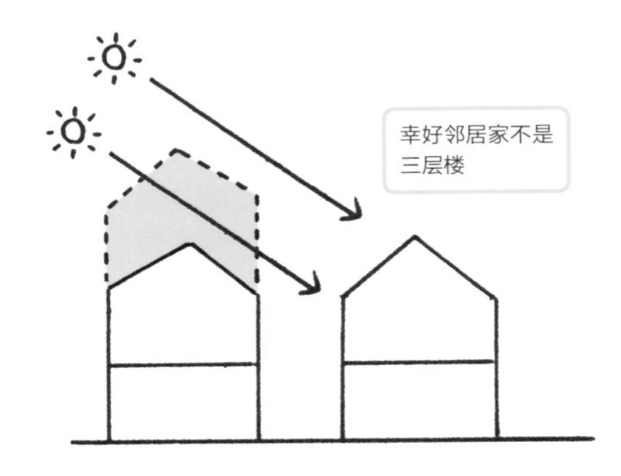

不易违反法规的四坡屋顶，与过去民居中常见的同类型屋顶相比，在内涵上发生了变化。如果没有这一举措，在北侧的邻居住宅就很难获得阳光的照射。因此，日本住宅区中四坡屋顶越来越多也是理所当然的。

69 对重力的挑战

悬挑

保木美术馆（2010 年）

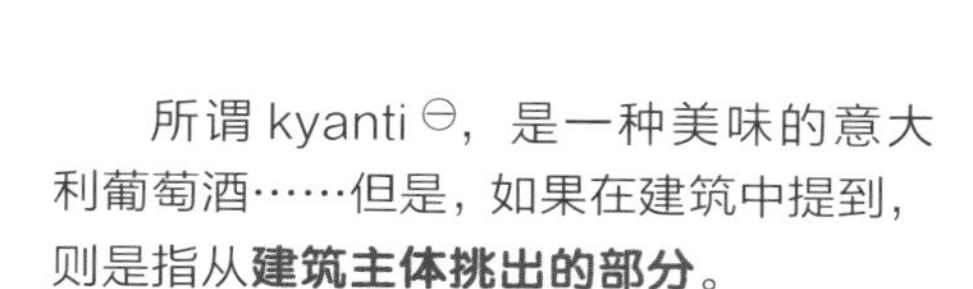

相关·笔记 底层架空

设计者 日建设计

所谓 kyanti ㊀，是一种美味的意大利葡萄酒……但是，如果在建筑中提到，则是指从**建筑主体挑出的部分**。

悬挑结构实际上十分实用。可以将悬挑下的空间用于停车，或是构建露台作为半室外空间使用。

千叶**保木美术馆**的**悬挑**竟然长达 **30m**！怎样才能挑出如此长的悬臂呢？如果凝神细看，还可以看到悬挑部分有着非常长的水平横窗。

悬挑部分采用以两枚钢板夹住芯材的**三明治结构**，由屋顶、墙壁和地板构成。通过使用柱与梁不外露的扁平面，形成了与暗渠类似的结构。换句话说，可以将 30m 悬挑中墙壁的部分看作是与层高等高的巨大横梁。虽然由玻璃嵌入产生的结构缺损会导致扭转刚度不足，但通过在相反的一侧设置两面不显眼的墙壁，并伸长屋顶和地板这样“胆大”的方法，将这一问题顺利解决！

㊀ 基安蒂酒（Chianti）与悬挑结构（cantilever），在日语中同音异义。前者是一种产自意大利基安蒂地区的红葡萄酒；后者是指一端为固定支座，另一端为自由端的结构构件。

就这样，拥有 30m 悬挑的美术馆完成了！

话说回来，为什么会需要这么长的形状呢?

那是因为如果把美术馆所有者保木先生的收藏品（写实绘画）全部横向排列，长度将会达到 500m。而且由于画幅大小不等，同样宽度的走廊也并不适用。

公园的另一侧是住宅区，因此将墙壁上下分割也起到减少压迫感的作用。

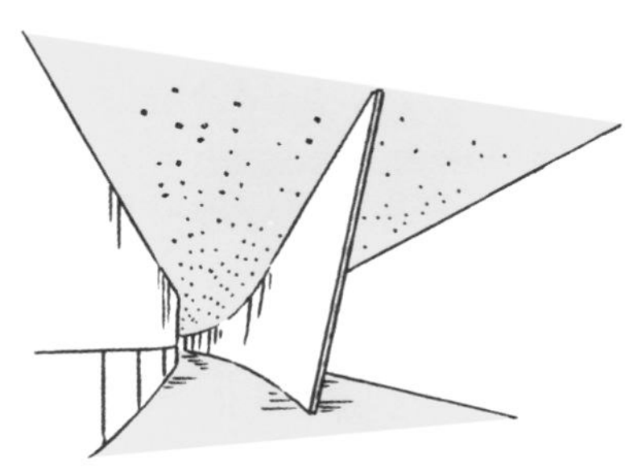

写实绘画十分细腻，因此使展示空间尽可能简洁。彻底消除墙壁的纹路、挂画轨道和线框，使欣赏时视野中除眼前的绘画作品之外，没有任何妨碍鉴赏的事物

形成的画廊呈曲线逐渐收窄重叠，成为潜入地下的回廊。全长相加竟然达到了 500m 的长度！

很难见到展出的美术作品与建筑本身如此相辅相成的空间。在街边看到这样具有冲击性的建筑，也会让人不由得想进去一探究竟吧。不仅是欣赏美术作品，还包含用餐、品酒等，通过将环境与一切行为和现象重构并相互联系，美术馆的价值得到了升华。

丰岛美术馆

70 与艺术融为一体使用土制模板的**薄壳结构**

丰岛美术馆（2010 年）

相关·笔记 薄壳，混凝土，艺术作品

设计者 西泽立卫

在靠近大海、梯田舒展的缓坡之上，白色三维曲面构成的巨大屋顶，宛若轻覆于地表一般悬浮在半空，这就是**丰岛美术馆**，各位是否曾听说过？

这座美术馆的施工，使用了与普通薄壳结构大不相同的崭新方法。如果使用普通的**支护模板**，很难制作出平滑完整的三维曲面。为使建筑物内外**均不出现接缝**，施工计划是首先**堆积泥土形成曲面**，并在此之上浇筑混凝土，待混凝土凝固之后，再将内部的土挖出。

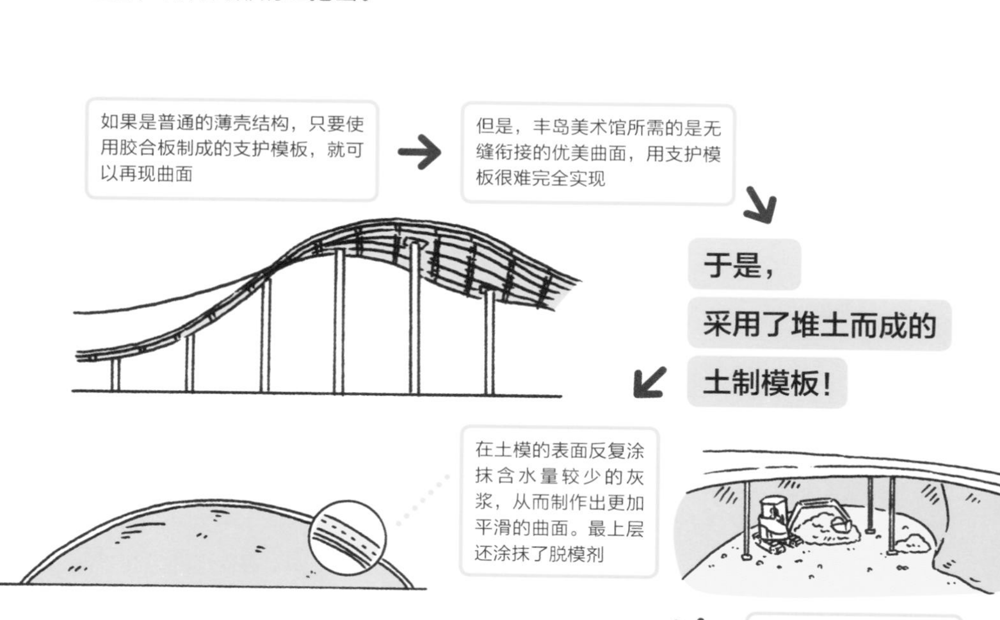

为了提高曲面精度而进行的三维测量，测点竟多达 3600 余处。

混凝土凝固后，花 6 周的时间将堆土挖出

如此这般，无缝衔接的

优美三维曲面大功告成！

沿着毫无玻璃遮蔽的两处**天井**开口，光线和雨水以及濑户内海的绝美自然风景都被引入内部。在这里，同环境的连续性被充分考虑，形成了室内与室外交织一体的奇妙空间。

在内部，水滴自地面上的小孔一点点涌出，在一天中的某个时刻汇集成小小的“泉”，这是常年陈设馆内的**内藤礼**的**艺术作品《母型》**。使用的水滴是从井中汲取的天然水，与拥有丰饶泉水的丰岛极为相称，也反映着与环境融为一体的理念。

丰岛美术馆为了与周边环境融合，故意压低了高度，以形成山丘般的姿态。当屋顶采用拱状构造时，其实顶部越高结构越稳定，而选择扁平的形状时构造负担也会相应增大。在这里，使用混凝土薄壳克服重重困难建造出的大跨度屋顶，最终让建筑物融入自然，太精彩了。

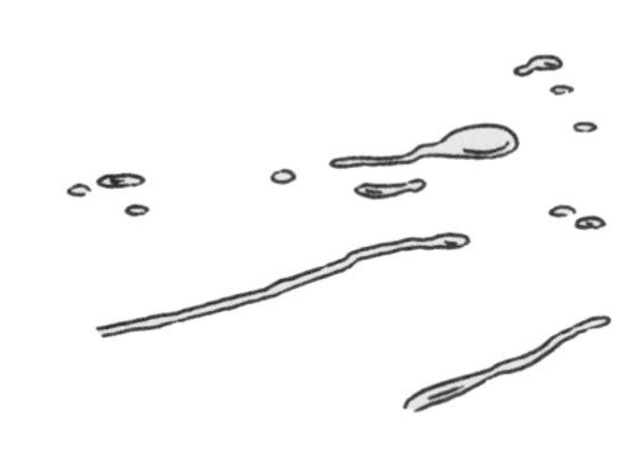

内藤礼的艺术作品

71 止步于未建成的体育竞技场

东京奥运会主场馆扎哈设计方案（2013 年）

东京奥运会主场馆
扎哈设计方案

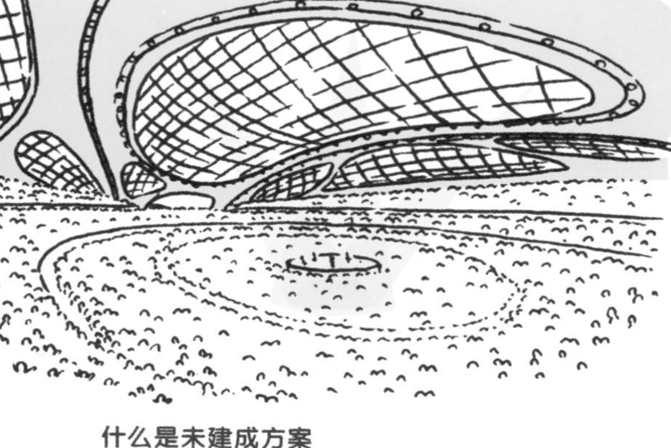

相关·笔记 东京奥运会，体育竞技场

设计者 扎哈 · 哈迪德

未建成（unbuilt）具体是指怎样的建筑方案呢？

在这里假定，我们构想出了前所未有的令人万分激动的建筑。

什么是未建成方案

想要建造这样的建筑！

只用语言描述似乎有点难懂……

仅在脑海中构想，用语言陈述，往往没法将形象明确地传达给他人。

确实，那就请看详细的图纸和模型！

这里假设通过模型和透视图等各类图纸，建筑形象已经被认可。然而因技术和预算限制没有办法将其实现。

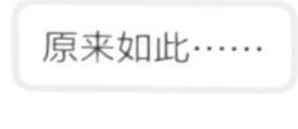

但是施工技术上估计很难实现……

未建成方案即是指那些经过了完整的具象化过程，却**最终未能落地实施**的建筑方案。

历史上，至今为止还有各种各样的**未建成**方案。文艺复兴时期的达 · 芬奇、帕拉迪奥、皮拉内西，进入 20 世纪后的勒 · 柯布西耶、彼得 · 库克等，他们的方案即使未能落地，也对后来的建筑师们产生了**不小的影响**。与此同时，对于出道前的建筑师，未建成方案还是展示自己存在感的绝佳机会！

真是惊人的想法……

太有意思了……

东京奥运会主场馆

建筑师中，有一位被称为“未建成方案女王”。她的名字就是**扎哈·哈迪德**（1950–2016 年，伊拉克裔英国女建筑师）。

为何称她“未建成方案女王”呢？这只是因为她的提案仅凭当时（20 世纪 80 年代）的技术还无法实现。但 21 世纪以后，随着技术进步，扎哈的提案开始逐渐落地施工。维特拉消防站（德国）、奥林匹克水上运动中心（伦敦）、赛马会创新大厦（中国香港）等评论也渐渐转向，认为她似乎已经摆脱了“未建成”的宿命。就在此时，由扎哈拔得头筹的日本设计竞赛方案在世界上引起了轰动。这就是大家所熟知的**东京奥运会主场馆设计**！

香港山顶俱乐部（1983 年）

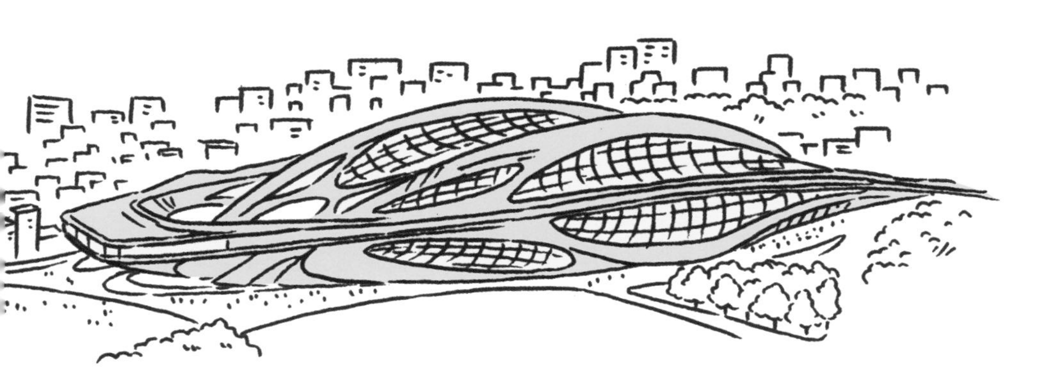

真是饱含能量的形态啊！

强大的魄力让人感到仿佛有生命寄身于其中。出类拔萃的造型、富于庆典感的空间表现、再加上大胆的构造……

令人遗憾的是，由于各种原因，扎哈的方案再次停留于未建成。即便如此，那宇宙飞船一般富于魄力的姿态依然令人印象深刻。如果落地实施会成为怎样的空间呢……这类遐想也免不了浮上心头。**使人能够畅想还未到来的明天**，也许这才是未建成建筑最大的魅力所在吧。

72 **胶合板**使木造大空间成为可能

静冈县草薙综合运动场体育馆（2015年）

相关·笔记 斜撑，大空间，胶合板

设计者 内藤广

进行体育运动需要极其宽阔的空间。静冈县盛产优质杉木，对这些**县产木材的充分运用**，也就成为**静冈县草薙综合运动场体育馆**设计时的重要因素。

那么，一般用木材能够支撑的跨度（支柱间的距离）大约是多少呢？

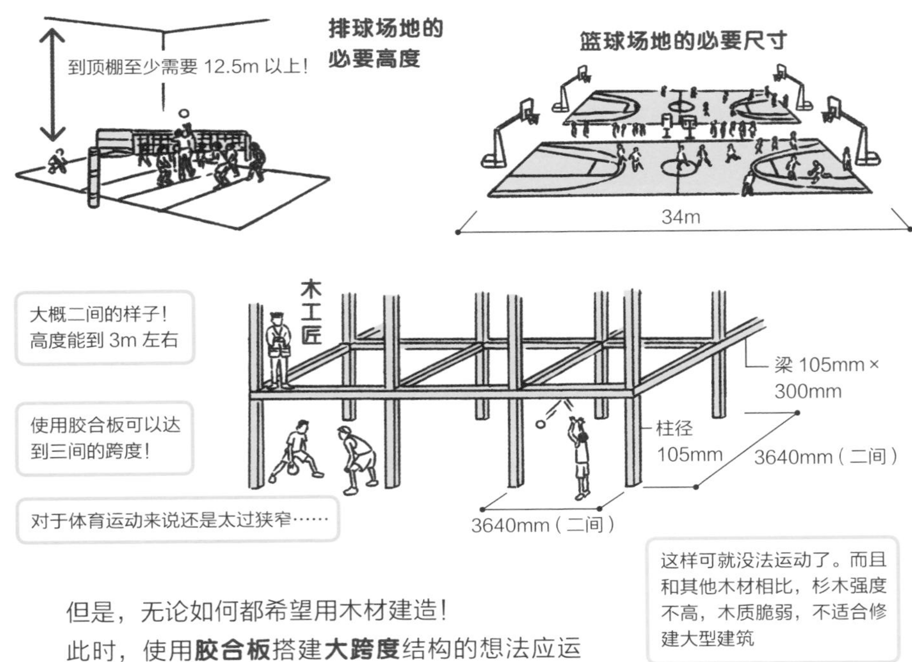

但是，无论如何都希望用木材建造！

此时，使用**胶合板**搭建**大跨度**结构的想法应运而生。所谓“胶合板”，是将截面尺寸较小的木材胶合成大尺寸木材的方法，强度较高，近几年使用量也不断上升。以此为基础，运用当地的杉木胶合板，最终建成了**静冈县草薙综合运动场体育馆**！

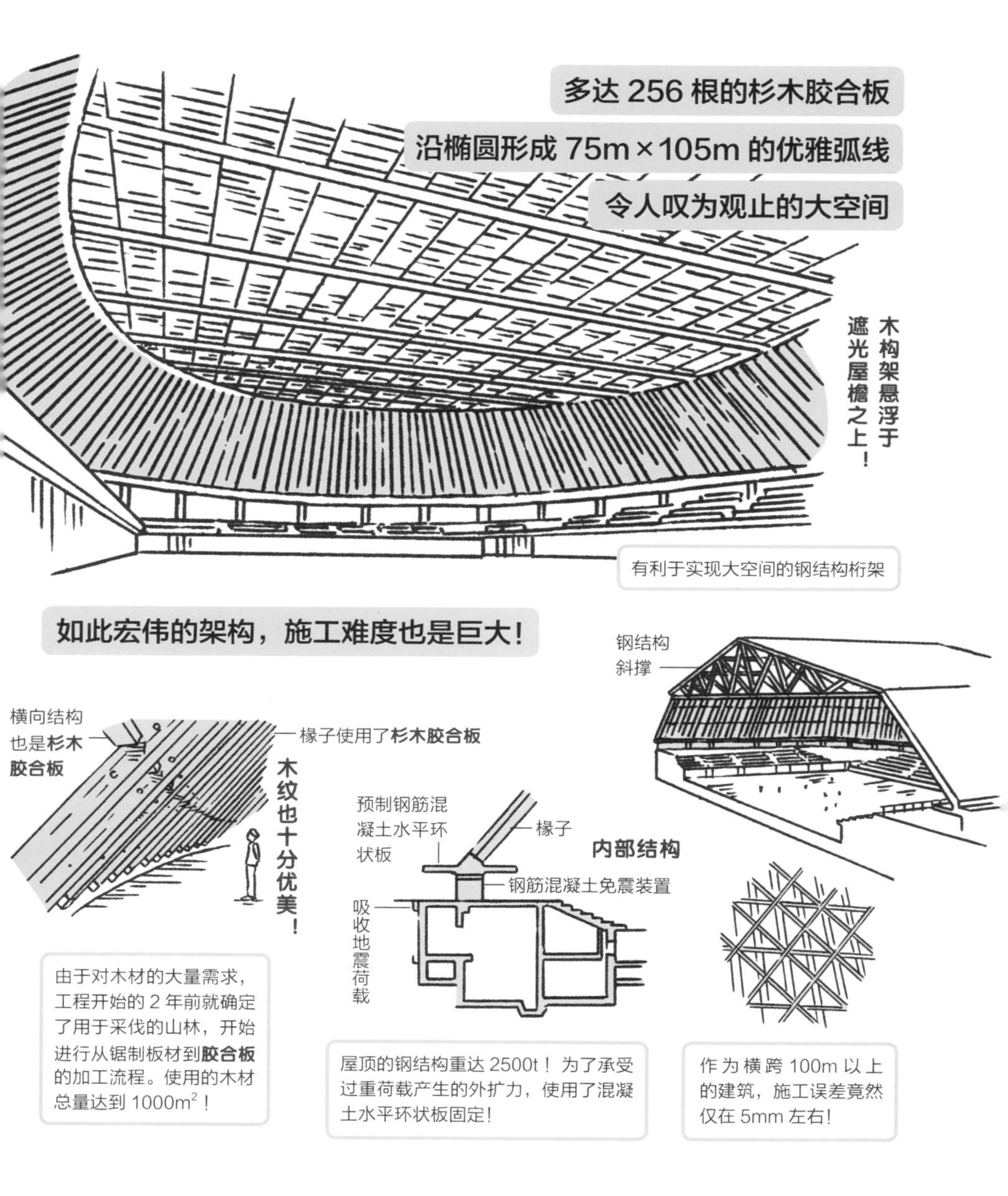

日本的木构历史远超千年，拥有世界最高水准的木构技术。

而混凝土和钢这两种材料，虽然到近代才传入日本，如今的施工水准也可以说与西方相平齐。正是这三种技术的完美结合，才成就了如此令人叹为观止的**大空间**。相信建筑也会面向未来不断革新，期待今后的建筑，能够在引进海外材料技术的同时推陈出新，孕育出属于日本的独特作品。

日本建筑地图

编号	名称	地址
01	三内丸山遗址	青森县青森市大字三内字丸山305
02	法隆寺五重塔	奈良县生驹郡斑鸠町法隆寺山内1-1
03	伊势神宫	三重县伊势市宇治馆町1（内宫）
04	出云大社	岛根县出云市大社町杵筑东195
05	春日大社	奈良县奈良市春日野町160
06	平等院凤凰堂	京都府宇治市宇治莲华116
07	投入堂	鸟取县东伯郡三朝町三德1010
08	法界寺阿弥陀堂	京都府京都市伏见区日野西大道町19
09	信贵山缘起绘卷	—
10	东大寺南大门	奈良县奈良市杂司町406-1
11	三十三间堂	京都府京都市东山区三十三间堂回町657
12	圆觉寺舍利殿	神奈川县镰仓市山，内409
13	慈照寺东求堂	京都府京都市左京区银阁寺町2
14	箱木千年家	兵库县神户市北区山田町冲原字道南1-4（移建）
15	妙喜庵（待庵）	京都府乙训郡大山崎町大山崎竜光56（移建）
16	松本城	长野县松本市丸之内4-1
17	二条城	京都府京都市中京区二条通堀川西入二条城町541
18	桂离宫	京都府京都市西京区桂御园
19	如庵	爱知县犬山市犬山御门前1（移建）
20	蜜庵席	京都府京都市北区紫野大德寺町14（非公开）
21	日光东照宫	栃木县日光市山内2301
22	曼殊院八窗轩	京都府京都市左京区一乘寺竹，内町42
23	白川乡合掌造	岐阜县大野郡白川村荻町1086
24	旧闲谷学校	冈山县备前市闲谷784
25	掬月亭	香川县高松市栗林町1-20-16
26	旧田中家住宅	东京都板桥区赤冢5-35-25（移建）
27	大浦天主堂	长崎县长崎市南山手町5-3
28	富冈制丝厂	群马县富冈市富冈1-1
29	旧开智学校	长野县松本市开智2-4-12
30	旧岩崎邸	东京都台东区池之端1-3-45
31	铭苅家住宅	冲绳县岛尻郡伊是名村字伊是名902
32	赤坂离宫	东京都港区元赤坂2-1-1
33	横滨红砖仓库	神奈川县横滨市中区新港1-1
34	大谷石采石场遗址	栃木县宇都宫市大谷町909
35	自由学园明日馆	东京都丰岛区西池袋2-31-3
36	旧帝国酒店	爱知县犬山市字内山1番地（移建）
37	求道学舍	东京都文京区本乡（集合住宅）
38	武居三省堂	东京都小金井市樱町3-7-1（改建）
39	一桥大学兼松讲堂	东京都国立市内2-1
40	听竹居	京都府乙训郡大山崎町大山崎谷田31
41	筑地本愿寺	东京都中央区筑地3-15-1
42	轻井泽夏之家	长野县北佐久郡轻井泽町大字长仓217（移建）
43	旧朝香宫公馆	东京都港区白金台5-21-9
44	土浦龟城自宅	东京都（个人住宅）
45	旧杵屋别邸	静冈县热海市（个人住宅）
46	前川国男自宅	东京都小金井市樱町3-7-1（改建）
47	户冢四丁目公寓	东京都（现未留存）
48	斋藤副教授的家	东京都（个人住宅）
49	最小限度住宅	东京都（个人住宅）
50	香川县厅舍	香川县高松市番町4-1-10

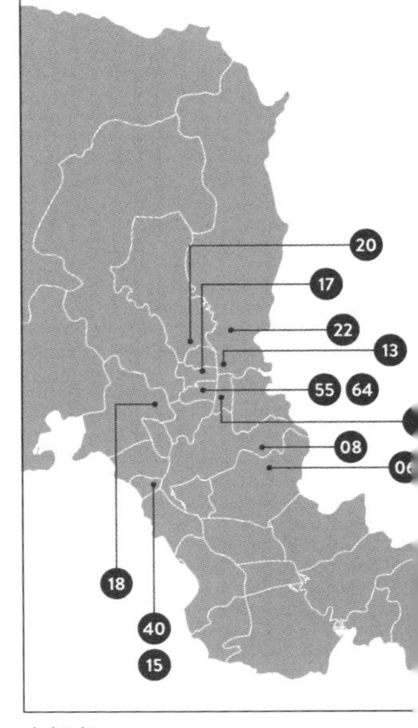

京都府

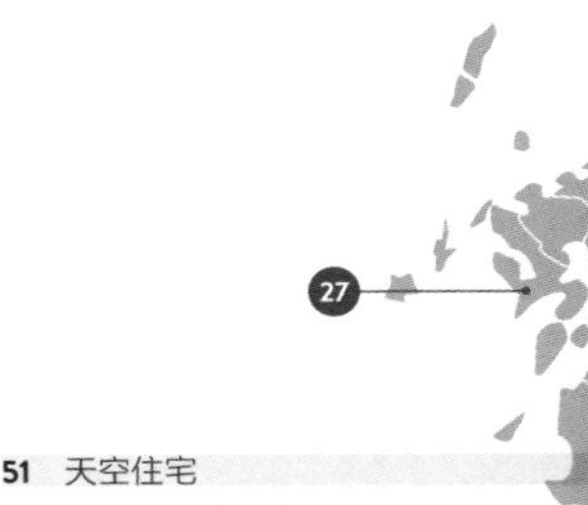

51 天空住宅
52 国立西洋美术馆
53 国立代代木竞技场
54 新大谷酒店
55 京都塔
56 塔之家
57 莫比迪克别墅
58 霞关大厦
59 太阳塔
60 中银胶囊塔
61 住吉的长屋
62 海洋风俗博物馆
63 纸教堂
64 京都车站大楼
65 仙台媒体中心
66 爱马仕之家
67 森山宅
68 四坡屋顶
69 保木美术馆
70 丰岛美术馆
71 东京奥运会主场馆 扎哈设计方案
72 静冈县草薙综合运动场体育馆

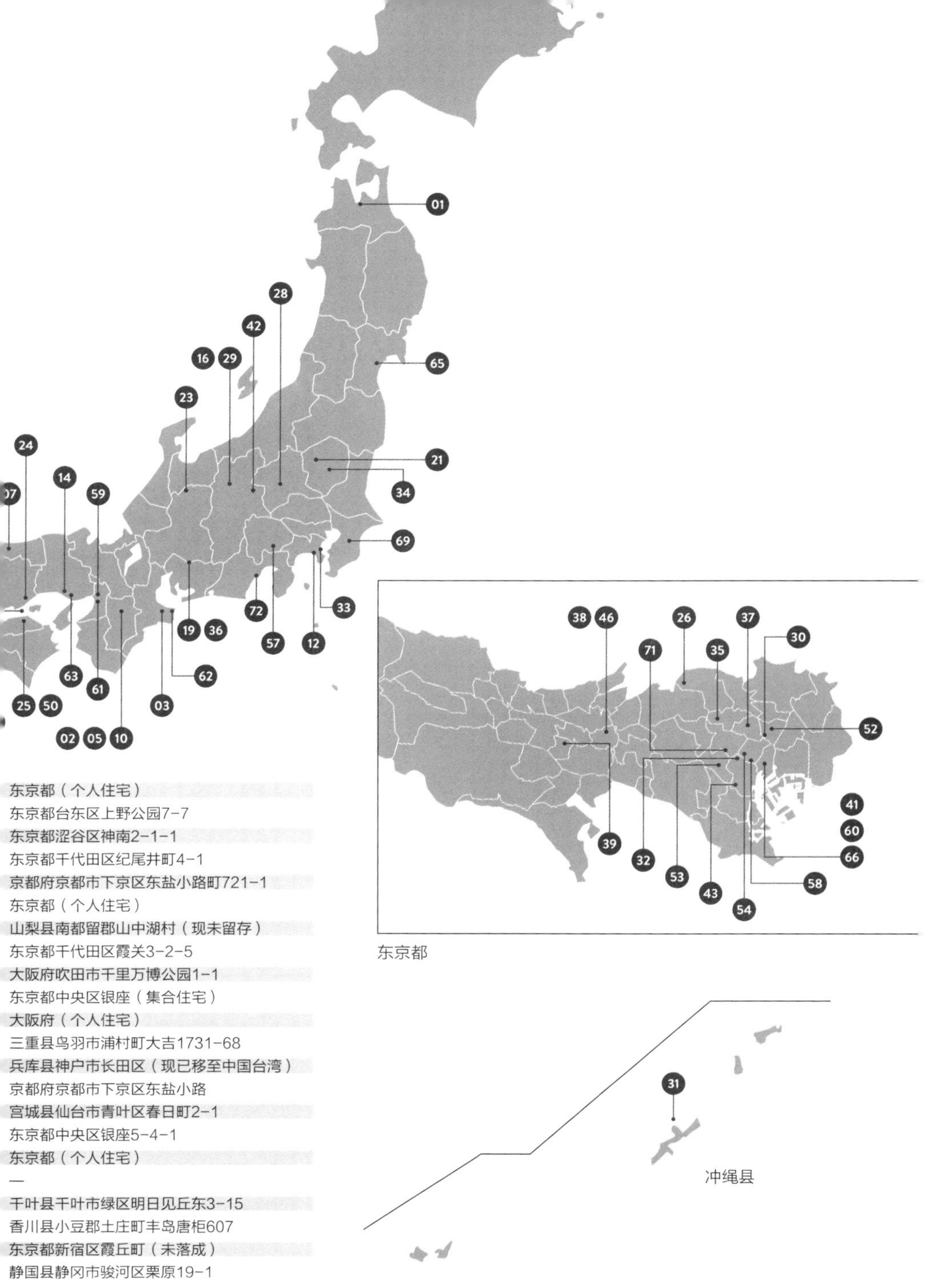
01
28
42
16
29
65
23
24
21
14
34
07
59
69
33
72
19
36
57
12
63
62
61
25
50
03
02
05
10
38
46
26
37
30
71
35
52
41
60
39
32
53
66
58
43
54
东京都
31
冲绳县
东京都（个人住宅）
东京都台东区上野公园7-7
东京都涩谷区神南2-1-1
东京都千代田区纪尾井町4-1
京都府京都市下京区东盐小路町721-1
东京都（个人住宅）
山梨县南都留郡山中湖村（现未留存）
东京都千代田区霞关3-2-5
大阪府吹田市千里万博公园1-1
东京都中央区银座（集合住宅）
大阪府（个人住宅）
三重县鸟羽市浦村町大吉1731-68
兵库县神户市长田区（现已移至中国台湾）
京都府京都市下京区东盐小路
宫城县仙台市青叶区春日町2-1
东京都中央区银座5-4-1
东京都（个人住宅）
—
千叶县千叶市绿区明日见丘东3-15
香川县小豆郡土庄町丰岛唐柜607
东京都新宿区霞丘町（未落成）
静国县静冈市骏河区栗原19-1

参考文献

「意中の建築 下巻」中村好文 著　新潮社　2005
「陰翳礼賛」谷崎潤一郎 著　中央公論新社　1975
「エスプリ・ヌーヴォー」ル・コルビュジエ 著　山口知之 訳　鹿島出版会　1980
「江戸・王権のコスモロジー」内藤正敏 著　法政大学出版局　2007
「岡本太郎と太陽の塔」平野暁臣 著　小学館クリエイティブ　2008
「花鳥風月の日本史」高橋千劔破 著　河出書房新社　2011
「桂離宮」　村田治郎・関野克・宇土條治 監修　毎日新聞社　1982
「桂離宮 修学院離宮」京都新聞出版センター　2004
「紙の建築 行動する ——建築家は社会のために何ができるか」坂茂 著　岩波書店　2016
「カラー版 図説 建築の歴史 —西洋・日本・近代」西田雅嗣・矢ヶ崎善太郎 編　学芸出版社　2013
「旧帝国ホテルの実証的研究」　明石信道 著　東光堂書店　1972
「境界 —世界を変える日本の空間操作術」隈研吾 監修　高井潔 写真　淡交社　2010
「近代建築史」石田潤一郎・中川理 編　昭和堂　1998
「宮司が語る御由緒三十話　春日大社のすべて」花山院弘匡 著　中央公論新社　2016
「「建築学」の教科書」安藤忠雄・石山修武・木下直之ほか 共著　彰国社　2003
「建築的思考のゆくえ」内藤廣 著　王国社　2004
「国立西洋美術館」国立西洋美術館 2016
「五重塔の科学」谷村康行 著　日刊工業新聞社　2013
「五重塔のはなし」濱島正士・坂本功 監修　「五重塔のはなし」編集委員会 編著　建築資料研究社　2010
「小屋と倉 —干す・仕舞う・守る・木組みのかたち」安藤邦廣＋筑波大学安藤研究室 著　建築資料研究社　2
「写真集成 近代日本の建築14　伊藤忠太建築作品」倉方俊輔 監修　ゆまに書房　2014
「重要文化財銘苅家住宅修理工事報告書」銘苅家住宅修理委員会　1979
「集落の教え100」原広司 著　彰国社　1998
「神君家康の誕生 —東照宮と権現様」曽根原理 著　吉川弘文館　2008
「新建築臨時増刊 日本の建築空間」新建築社　2005
「神社の本殿」三浦正幸 著　吉川弘文館　2013
「図解 ニッポン住宅建築 —建築家の空間を読む」尾上亮介・竹内正明・小池保子 共著　学芸出版社　2008
「図説 西洋建築史」陣内秀信・太記祐一・中島智章ほか 共著　彰国社　2005
「図説 茶室の歴史」中村昌生 著　淡交社　1998
「図説 日本建築の歴史 —寺院・神社と住宅」玉井哲雄 著　河出書房新社　2008
「図説 バロック」中島智章 著　河出書房新社　2010
「世界10000年の名作住宅」エクスナレッジ　2017
「世界がうらやむニッポンのモダニズム建築」米山勇 監修　伊藤隆之 写真・著　地球丸　2018
「千利休の功罪。」木村宗慎 監修　ペン編集部 編　阪急コミュニケーションズ　2009
「続・街並みの美学」芦原義信 著　岩波書店　2001
「茶の本」岡倉覚三 著　村岡博 訳　岩波書房　1961
「手にとるように建築学がわかる本」鈴木隆行 監修　田口昭 編著　かんき出版　2004
「伝統木造建築事典」高橋昌巳＋小林一元＋宮越喜彦 著　井上書院　2018
「特別名勝栗林公園掬月亭保存修理工事報告書」香川県商工労働部観光振興課栗林公園観光事務所　1994
「日光東照宮の謎」高藤晴俊 著　講談社　1996
「日本建築史図集」日本建築学会 編　彰国社　2007
「日本建築史序説」太田博太郎 著　彰国社　1947
「日本建築の美」神代雄一郎 著　井上書院　1967
「日本のアール・デコの建築家 —渡辺仁から村野藤吾まで」吉田鋼市 著　王国社　2016
「日本の家 —空間・記憶・言葉」中川武 著　TOTO出版　2002
「日本の伝統建築の構法」内田祥哉 著　市ヶ谷出版社　2009

「日本の窓」日び貞夫 著　ピエ・ブックス　2010
「日本の民家第4巻 農家Ⅳ」関野克 監修　学習研究所　1981
「日本の民家 ―美と伝統 西日本編」高井潔 著　平凡社　2006
「日本の民家 ―美と伝統 東日本編」高井潔 著　平凡社　2006
「藤森照信の茶室学」藤森照信 著　六耀社　2012
「不滅の建築8　銀閣寺」鈴木嘉吉・工藤圭章 責任編集　毎日新聞　1989
「プロジェクト・ジャパン メタボリズムは語る…」
レム・コールハース・ハンス＝ウルリッヒ・オブリスト 著　平凡社　2012
「街並みの美学」芦原義信 著　岩波書店　2001
「窓から建築を考える」五十嵐太郎＋東北大学五十嵐太郎研究室＋市川紘司 編著　彰国社　2014
「「窓」の思想史 ―日本とヨーロッパの建築表象論」浜本隆志 著　筑摩書房　2011
「窓のはなし（物語 ものの建築史）」山田幸一 監修　日向進 著　鹿島出版会　1988
「間（ま）・日本建築の意匠」神代雄一郎 著　鹿島出版会　1999
「三徳山 大山（朝日ビジュアルシリーズ）」朝日新聞社　2003
「名作住宅から学ぶ 窓廻りディテール図集」堀啓二+共立女子大学堀研究室 編著　オーム社　2016
「モデュロールⅠ」ル・コルビュジエ 著　吉阪隆正 訳　鹿島出版会　1979
「モデュロールⅡ」ル・コルビュジエ 著　吉阪隆正 訳　鹿島出版会　1979
「八つの日本の美意識」黒川雅之 著　講談社　2006
「ヨーロッパ建築史」西田雅嗣 編　昭和堂　1998
「ライトの住宅 ―自然・人間・建築」フランク・ロイド・ライト 著　遠藤楽 訳　彰国社　1967
「ル・コルビュジエ ―建築・家具・人間・旅の全記録」エクスナレッジ　2011
「連戦連敗」安藤忠雄 著　東京大学出版会　2001
「GA HOUSES 世界の住宅100」A.D.A.EDITA Tokyo 2007

索引

E

F

G

H

J

K

S

T

W

X

Y

Z

日本历史年代表

年代	时期
绳文时代	约前10000年—约前300年
弥生时代	前3世纪—3世纪
古坟时代	3世纪后期—7世纪
飞鸟时代	6世纪末—710
奈良时代	710—794
平安时代	794—1191
镰仓时代	1192-1333
南北朝时代	1334—1392
室町时代	1393—1467
战国时代	1467—1573
安土桃山时代	1573—1603
江户时代	1603—1867
明治时代	1868—1912
大正时代	1913—1925
昭和时代	1926—1989
平成时代	1989—2019
令和时代	2019—